MANUEL COMPLET

MIEUX COMPRENDRE ET ÉDUQUER
LES CHEVAUX

Dr Barbara Schöning

CHANTECLER

LE CHEVAL : UN MONDE À DÉCOUVRIR

L'ÉDUCATION EN PRATIQUE

L'ÉDUCATION DU POULAIN

PRÉVENIR LES PROBLÈMES ET Y REMÉDIER

ANNEXES

LE CHEVAL : UN MONDE À DÉCOUVRIR

LE CHEVAL : UN COMPAGNON DE ROUTE DE L'HOMME

Les premières représentations de chevaux sur des parois de grottes, en France et en Espagne, datent de 15 000 ans. Il y a fort à parier que le cheval faisait partie du régime alimentaire de l'homme préhistorique. L'étape que l'on appelle la domestication a lieu il y a environ 5 000 ans, c'est-à-dire bien après le chien, le mouton, le porc, la chèvre et la vache. Mais depuis, le cheval est devenu un des compagnons privilégiés de l'homme.

Sans le cheval, et son utilisation comme animal de trait, de selle et de boucherie, l'histoire de l'humanité ne serait pas la même. Pendant des siècles, le cheval a joué un rôle primordial dans les guerres et ce jusqu'à une époque récente. Au début du XXe siècle, la cavalerie constituait encore une part importante des armées.

Avec l'apparition des véhicules motorisés, le cheval a petit à petit perdu de son importance en tant que moyen de locomotion. Après la Seconde Guerre mondiale, l'équitation et les sports équestres se sont développés. Jusqu'aux années 1960-70, cette activité était réservée aux classes aisées, mais dès lors elle s'est popularisée. Les concours hippiques et autres manifestations liées au cheval se multiplient. À cela, il faut ajouter le nombre croissant de personnes qui possèdent des chevaux sans visée sportive. Ces propriétaires ont pour seul but de se balader à cheval dans la nature. Cette activité de loisirs est devenue très importante dans les pays occidentaux.

De nombreux ouvrages ont été écrits sur les chevaux. On peut considérer que l'homme s'attache depuis au moins 3 000 ans à réfléchir sur l'élevage du cheval et à consigner sur papier le fruit de ses réflexions. En dehors de cette littérature technique, il ne faut pas oublier non plus que le cheval tient un rôle non négligeable dans les mythes et les

Peintures rupestres, découvertes le 18 décembre 1994 dans la commune de Vallon-Pont-d'Arc, dans le sud de la France, par Jean-Marie Chauvet, Éliette Brunel et Christian Hillaire
© Chauvet, Brunel, Hillaire

L'équitation de loisir permet de vivre au contact de la nature.

Le cheval comme le cavalier doivent tous deux prendre du plaisir. Pour cela, il faut un cheval attentif et décontracté.

légendes. On lui prête des vertus humaines : courage, fidélité, etc. L'attribut qui lui est le plus souvent associé est la noblesse. Selon l'expression consacrée, le cheval est la plus noble conquête de l'homme.

Cet ouvrage ne doit ni être considéré comme un guide technique pour l'élevage des chevaux, ni comme un cours pratique d'équitation. Les bons ouvrages traitant de ces sujets ne manquent pas sur le marché et, de plus, je ne suis pas une excellente cavalière. Je fais partie de ces millions de gens qui pratiquent l'équitation sans aucune ambition sportive.

Mais pour pouvoir m'adonner à mon loisir de manière satisfaisante, je dois posséder une connaissance approfondie de ma monture. Je veux que mon cheval se sente bien dans toutes les occasions, qu'il soit détendu et ne connaisse pas le stress, afin que je puisse communiquer avec lui et lui apprendre des choses. Un cheval ne doit pas être trop anxieux, pas plus qu'il ne doit réagir avec agressivité ou « refuser de travailler ». Voilà les objectifs à atteindre.

Pour ce faire, il convient d'adopter un comportement qui établit une véritable relation de confiance entre l'homme et l'animal. On voit malheureusement encore trop souvent des

LES RÈGLES ÉTHIQUES D'ÉDUCATION DU CHEVAL

1. Le dressage du cheval doit être compatible avec ses besoins naturels.
2. La santé physique et psychique du cheval dépend de l'utilisation qu'on fait de lui.
3. Tous les chevaux doivent être traités sur un pied d'égalité, quels que soient leur race, leur âge et leur utilisation.
4. La connaissance de l'histoire du cheval et de ses besoins ainsi que l'art de le dresser font partie de ce savoir qu'il convient de transmettre d'une génération à l'autre.
5. Les relations entre l'homme et le cheval sont particulièrement importantes pour les enfants et les adolescents. Cela peut même les aider à former leur personnalité. Il ne faut jamais négliger ce fait.
6. Toute personne désirant pratiquer l'équitation en tant que discipline sportive doit former son cheval dans ce sens. Le but de cet entraînement est d'aboutir à l'harmonie la plus complète possible entre l'homme et l'animal.
7. L'utilisation d'un cheval pour une activité sportive, ou autre, doit se faire en tenant compte de ses possibilités physiques, des performances qu'il est capable de réaliser et de sa prédisposition naturelle à accomplir la tâche qu'on lui demande. Utiliser des médicaments pour influencer les performances d'un cheval est à proscrire par l'homme, qui se doit avant tout de respecter l'éthique équestre.
8. La responsabilité de l'homme vis-à-vis du cheval continue jusqu'à la vieillesse et la mort de l'animal. Cette responsabilité doit toujours être adaptée aux exigences de l'animal.

propriétaires de chevaux avec des animaux stressés, au comportement problématique, sur lesquels de mauvaises « méthodes » ont été pratiquées.

L'homme et le cheval : deux partenaires

L'origine de la plupart des problèmes que les gens ont avec leurs chevaux réside dans le fait qu'ils ne pensent pas assez au « point de vue du cheval », qu'ils ne tiennent pas compte de ses besoins et de ses exigences. Même à notre époque où la protection des animaux et le respect de leurs droits sont des réalités, on continue parfois d'agir mal vis-à-vis de nos compagnons familiers.

Afin que l'homme et le cheval puissent vivre harmonieusement ensemble (autrement dit pour que le cheval puisse vivre sans problème sous la protection de l'homme !), il faut bien connaître les comportements naturels de l'animal, qui diffèrent également en fonction de la race à laquelle il appartient. Il faut savoir ce dont il a besoin pour qu'il puisse vivre sans anxiété. Un cheval qui est stressé ou qui éprouve de la crainte sera très difficile à « éduquer ». La réussite de l'élevage et de la formation du cheval dépend de la compréhension que l'on a de ses besoins. C'est pourquoi les « livres sur l'élevage » ne doivent comporter ni méthodes ni recettes toutes faites. Une recette ne fonctionne que si les ingrédients ont été parfaitement définis. De même, une méthode ne vaut que si on l'adapte subtilement à un sujet.

Il est préférable de commencer par connaître avec exactitude les données biologiques du cheval. Sans cette connaissance, il n'y a pas de méthode qui vaille. L'élevage et l'apprentissage se font sur la base d'une évolution de quelques millions d'années. Le comportement naturel du cheval détermine ses possibilités d'apprentissage. Du poulain à l'animal adulte, on ne peut dresser un cheval qu'en tenant compte des aptitudes dont la nature l'a doté.

Si le cavalier rencontre des problèmes avec sa monture, c'est en considérant ces deux données ensemble (comportement normal et aptitude à l'apprentissage) qu'il pourra les résoudre.

Dans cet ouvrage, nous commencerons donc par décrire précisément le comportement naturel du cheval en tant qu'animal sociable et des conséquences que cela a sur les aspects pratiques du travail et la relation entre l'homme et l'animal. Pour ce faire, nous allons évoquer brièvement l'histoire de l'évolution du cheval et essayer d'expliquer certains comportements de base du monde animal, à savoir pourquoi les animaux agissent de telle manière et pas de telle autre.

Pour chaque action effectuée avec le cheval, il faut tenir compte de ses aptitudes naturelles.

UN HABITANT DES STEPPES ENTRE QUATRE MURS

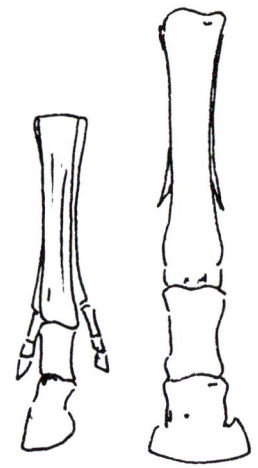

Entre ces deux membres postérieurs, plus de 10 millions d'années se sont écoulés. On voit ici les vestiges d'anciens doigts.

L'*Eohippus* atteignait à peine 20 cm de haut.

Le cheval, résultat de l'évolution

Les fossiles retrouvés nous permettent de suivre l'évolution du cheval sur plus de 60 millions d'années. La forme la plus ancienne d'équidé que nous connaissons a pour nom *Eohippus*. Selon les critères actuels, on ne le qualifierait pas de cheval. Il ressemblait plutôt à une mini-antilope sans cornes. Il avait en fait la taille d'un renard doté de quatre doigts aux membres antérieurs et de trois aux membres postérieurs. L'extrémité de ces doigts était recouverte de corne. L'*Eohippus* vivait en Europe, en Amérique du Nord et en Asie. D'après l'examen de ses dents, il se nourrissait essentiellement de feuilles et de baies. Il vivait en milieu forestier et utilisait les taillis pour se cacher. D'après les fossiles, on peut déterminer qu'il vivait en groupe.

Par la suite, le cheval préhistorique a de plus en plus évolué dans des paysages de steppes. Il s'est éteint en Europe et en Asie mais a survécu en Amérique. Le cheval

Le *Merychippus,* tel qu'on a pu le reconstituer à partir des fossiles

a ensuite évolué en fonction des changements climatiques qui ont eu lieu à la surface de la Terre. Les animaux qui ont survécu et se sont multipliés sont ceux qui ont su s'adapter aux conditions environnementales et se fixer dans une niche écologique. Il y a environ 25 millions d'années vivait en Amérique du Nord une forme appelée *Mery-chippus,* qui correspond au passage entre un habitant des forêts, mâcheur de feuilles, et un animal se nourrissant de l'herbe des steppes. Le *Merychippus* faisait juste 1 m au garrot et se déplaçait déjà sur un seul doigt. Les autres doigts existaient encore mais n'atteignaient plus le sol. Les dents s'étaient modifiées pour pouvoir broyer les espèces d'herbes les plus dures. Tout comme l'*Eohippus,* le *Mery-chippus* vivait en grands troupeaux, pour mieux s'adapter aux conditions des steppes. La steppe offrait un espace vital plus étendu et le fait de vivre en troupeaux augmentait la sécurité et donc les chances de survie.

Au cours des 20 millions d'années qui suivirent, l'adaptation à la vie dans la steppe s'accrut. C'est ainsi qu'apparut le *Pliohippus*, une espèce proche du cheval actuel. Chacun de ses membres était doté d'un seul doigt entouré de corne (le sabot). Par rapport à sa masse corporelle, ses membres étaient longs et la surface de ses pieds réduite, ce qui favorisait l'agilité et la vitesse. Ses dents et son appareil digestif étaient parfaitement adaptés au régime alimentaire de la steppe. Ses organes des sens (yeux, oreilles, etc.) étaient également bien adaptés à la vie dans la steppe.

L'évolution du cheval a ensuite continué jusqu'à la domestication mais les données anatomiques et morphologiques n'ont plus subi de modifications.

Il y a environ un million d'années, les chevaux ont migré d'Amérique du Nord vers l'Asie par le détroit de Béring, qui était alors un pont terrestre. D'Asie, ils se sont répandus en Europe et en Afrique, où ils se sont multipliés en grand nombre, tandis qu'ils s'éteignaient en Amérique du Nord et en Amérique du Sud (il y a environ 12 000 ans). Ils reviendront plus tard sur ces deux continents sous une forme domestiquée.

Le cheval de Przewalski dans le centre de recherche zoologique d'Askania Nova, dans le sud de l'Ukraine

La domestication

La domestication du cheval a commencé il y a environ 5 000 ans. Les premières colonies humaines fixes se sont établies au Proche-Orient. L'homme était passé de la chasse et de la cueillette à l'agriculture. Il était donc plus pratique d'avoir des animaux à proximité pour se nourrir plutôt que de continuer à les chasser.

La domestication a commencé avec les petits et les grands ruminants (les moutons, les chèvres, les bovins), avant de concerner le cheval. Puis, tout est allé très vite par rapport au lent développement de l'évolution naturelle : après les bovins, les chevaux ont été utilisés pour tirer des chariots et des engins agricoles. Un jour, un homme est monté sur le dos d'un cheval et dès lors le cheval est passé de fournisseur de viande et animal de trait à celui de monture.

Indépendamment de la transformation de l'apparence extérieure du cheval, due à l'élevage et aux diverses utilisations que l'homme a faites de lui, son anatomie et sa morphologie (configuration intérieure) sont les mêmes que celles de l'animal qui vivait dans les steppes il y a 20 millions d'années. Et cela vaut également pour le comportement général du cheval !

> ## Typique !
>
> Comportements typiques du cheval, animal des steppes :
> - Animal très sociable, vivant en communauté, qui a besoin de cette vie de groupe.
> - Prise de nourriture : 12-16 heures par jour ; a besoin de grosses quantités de nourriture peu énergétique et riche en fibres.
> - Se déplace lentement vers l'avant pour se nourrir, ce qui nécessite une certaine lenteur des mouvements.
> - Attitude devant le danger : la fuite ; en tant que « proie », il peut atteindre très vite une vitesse élevée.

Petit groupe de chevaux de Przewalski, amenés par Carl Hagenbeck en Allemagne, vers 1911

Encore aujourd'hui, le cheval conserve les comportements de base de ses ancêtres : c'est un animal très sociable, qui s'enfuit en cas de danger.

Le cheval préhistorique se transforme mais reste un animal des steppes

Les ancêtres sauvages de notre cheval domestique ont subi quelques transformations dans leur apparence extérieure et leur comportement. Mais ces transformations ne concernent jamais que des domaines bien délimités. Au cours des quelques milliers d'années de la domestication, rien de fondamentalement nouveau n'est apparu. Rien non plus n'a complètement disparu des éléments acquis pendant les millions d'années d'évolution. L'homme n'a pas pu modifier les données de base.

Au cours de l'évolution de chaque espèce, les animaux se sont adaptés de façon optimale à leur environnement. Cette adaptation se transmet de génération en génération par le génome : la structure interne et l'aspect extérieur optimaux (morphologie et phénotype), associés aux fonctions correspondantes de l'organisme (par exemple, les organes sensoriels) et à un ensemble de comportements. Pour un cheval sauvage, il était (et il est toujours) important, par exemple, de pouvoir repérer le plus vite possible les ennemis. C'est pourquoi il avait une ouïe fine et une vision adaptée : ses yeux voyaient mieux au loin que de près. À cela, il faut ajouter un odorat développé. Les oreilles sont très mobiles, pour pouvoir déterminer très vite la direction de « l'ennemi » et la distance à laquelle il se situe. Comme les yeux sont placés sur les côtés de la tête, ils permettent, lorsque la tête est inclinée vers l'avant, d'avoir une vision quasi circulaire. Le cheval a une vision presque monoculaire. Quand sa tête est dirigée vers l'avant, seules lui échappent les choses sur son dos ou directement derrière son dos. Pour pouvoir observer à la fois ce qui se passe devant et derrière lui, il doit donc bouger la tête. Un autre atout de la vision quasi monoculaire pour un animal des steppes (contrairement à la vision binoculaire de l'homme) est que les objets, même les immobiles, passent « tout à coup » d'un champ de vision à l'autre. Cela explique pourquoi les chevaux peuvent facilement avoir peur des objets inanimés de leur environnement. L'avantage dans la steppe est certain : un puma qui s'avance lentement et silencieusement contre le vent peut ainsi être repéré et identifié comme ennemi.

La vision est un sens important pour un animal des steppes : ses yeux voient bien au loin.

La peur comme concept de survie

Le fait d'éprouver de la peur est un important facteur de survie pour les espèces. Le courage paie rarement dans la nature. Ce sont les animaux peureux et prudents qui ont le plus de chances de survivre et de se multiplier. Quand un animal rencontre quelque chose de nouveau, d'inconnu, deux possibilités s'offrent à lui : soit il prend du recul et

Grâce à leur mobilité, les oreilles peuvent déterminer avec exactitude la direction et la distance d'une source sonore.

observe la chose de loin, soit il y va pour dire bonjour. Ceux qui décident d'emblée de s'approcher du « nouveau » prennent un gros risque : il y a un risque sur deux pour qu'il s'agisse d'un dangereux prédateur. Ceux qui considèrent les « nouveaux » avec distance ont une chance sur deux de passer à côté d'une rencontre intéressante mais ils ont 100 % de chance de ne pas être mangés. C'est pour cette raison qu'au cours de l'évolution tous les animaux se sont dotés de cette « faculté à ressentir la peur ». Et pour toutes les espèces, il existe un facteur universel qui déclenche la peur (parmi beaucoup d'autres qui sont alors propres à chaque espèce) : l'inconnu. Comme nous l'avons déjà dit, chaque espèce animale s'est adaptée de façon optimale à une niche écologique au cours de son évolution et cette adaptation s'est inscrite dans le génome. Cela dit, il existe une certaine diversité dans chaque population. Les schémas de comportement peuvent différer à l'intérieur même d'une espèce. Il y a 5 000 ans, il existait certainement des chevaux qui étaient moins farouches que la moyenne au contact de l'homme. Ces chevaux ont pu être capturés et enfermés dans des enclos. Il s'est avéré qu'ils pouvaient vivre au contact de

1 Un animal inconnu devant la barrière. Une approche prudente est préférable à un contact franc.

2 En cas de « danger imminent », une seule solution : la fuite (quand elle est possible)

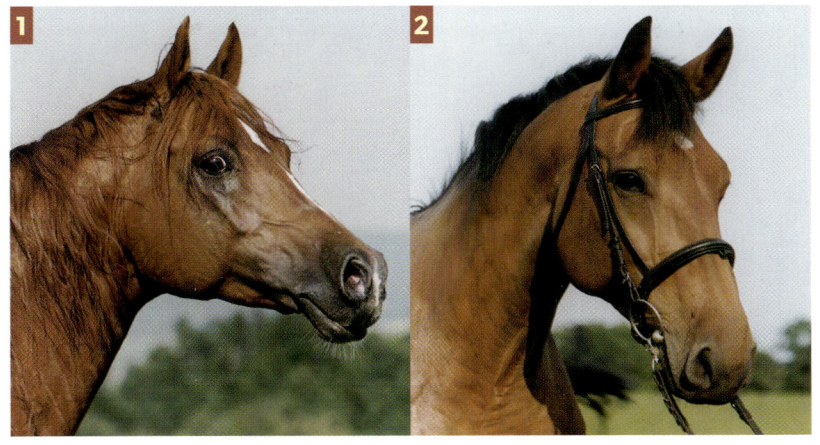

1 Profil d'un pur-sang arabe

2 Profil d'un cheval de selle

l'homme sans ressentir un stress permanent. Dans le cadre d'élevages sélectifs, l'homme a pu travailler avec ces animaux. Il est possible aussi que les éléments les plus craintifs n'aient pas pu se reproduire. Quand un animal est soumis à un stress permanent, ses gonades et son système immunitaire fonctionnent mal. Il tombe facilement malade et la production de sperme et d'ovules s'en ressent.

Les animaux domestiques se distinguent des animaux sauvages par le fait qu'ils sont moins sensibles à la peur. Et naturellement, ils sont nettement moins craintifs vis-à-vis de l'homme. Chez de nombreux animaux domestiques, les performances des organes sensoriels ont diminué par rapport aux espèces sauvages. Les zones du cerveau responsables des stimuli sensoriels sont différentes de celles des animaux sauvages et cela a des conséquences sur le comportement. On peut avancer que la crainte moins grande du cheval domestiqué est simplement due à la diminution qualitative des capacités sensorielles. Dans ce domaine, l'étude du comportement et la neurophysiologie (l'étude du fonctionnement des tissus nerveux) sont d'une grande aide.

Un cheval de trait typique

Un poney typique

Le développement des races de chevaux

Pour beaucoup d'animaux domestiques, dont le cheval, il n'existe plus de forme primitive sauvage, si bien qu'on ne peut pas comparer directement les cerveaux et les comportements. Nous ne savons pas si au cours des 5 000 dernières années, correspondant au passage du cheval primitif au cheval domestique, il y a eu ou non diminution quantitative et qualitative de la masse cérébrale, ou au contraire si les descendants des chevaux primitifs, qui vivaient encore il y a 100 ans, ont connu une évolution de leur cerveau opposée à celle des chevaux domestiques qui leur a permis de continuer à exister dans un monde de plus en plus hostile. Comme l'homme a transformé l'environnement pour qu'il réponde à ses besoins et à ceux de ses animaux domestiques, il est certain que l'espace vital et les possibilités d'action des animaux sauvages se sont réduits. La vie est devenue plus difficile et plus dangereuse pour eux. Les animaux sauvages actuels ne peuvent donc être la copie parfaite de ceux qui existaient il y a 5 000 ans. Aujourd'hui, on estime que l'ensemble des races et types de chevaux actuels descendent d'une même forme sauvage. Au cours de l'évolution, ce type sauvage s'est divisé en différents sous-types d'apparences peu différentes pour mieux s'adapter aux conditions existantes. Un climat très chaud et un sol sec nécessitent, par exemple, des petits pieds durs, ainsi qu'un sinus développé pour humidifier l'air sec inspiré. Un climat froid et humide nécessite par contre de longs muscles nasaux pour réchauffer l'air qui arrive aux poumons. Ces différentes formes existaient déjà au début de la domestication et ont servi de points de départ à l'élevage. On peut donc dire que les races ont évolué en fonction des différentes utilisations que l'homme faisait de l'animal. Tout laisse à penser que ce sont d'abord les races locales qui se sont implantées. Bien plus tard, il y a quelques siècles, ont commencé les méthodes de sélection pour améliorer les compétences et la « beauté ». Le pur-sang anglais en est un exemple typique. Il a fallu 200 ans pour que ce type de cheval devienne tel que nous le connaissons aujourd'hui.

QU'EST-CE QU'UNE RACE ?

Les races sont des divisions établies au sein des animaux domestiques. Dans la nature, le concept de race n'a aucune valeur. Les différentes races d'une espèce animale se distinguent par des caractéristiques génétiques. Les frontières entre les races ont été déterminées de façon subjective par l'homme. Les races apparaissent par isolation des partenaires sexuels pour aboutir à une sélection répondant à des objectifs précis, par exemple des caractéristiques morphologiques ou de comportement.

Les chevaux se divisent en quatre grands groupes : poneys, chevaux de trait, chevaux de selle et chevaux de course. Ils se différencient entre autres par la masse corporelle, la configuration extérieure ou la robe. Il existe aussi des différences, plus ou moins grandes, dans le mouvement et le comportement social, ainsi que dans l'excitabilité (seuil d'excitation, plus ou moins grande tolérance vis-à-vis des différents facteurs de stress).

CONNAÎTRE LE COMPORTEMENT, C'EST COMPRENDRE LE CHEVAL

Quand on s'occupe d'animaux, que ce soit pour les élever ou les dresser, on finit toujours par se demander pourquoi ils produisent les mêmes comportements à certains moments précis ou devant des situations similaires. Comme tous les animaux, y compris les bipèdes sans beaucoup de poils que nous sommes, les chevaux ne sont pas des machines qui accomplissent telle ou telle action par le simple fait d'appuyer sur un bouton. Il faut dire toutefois qu'autrefois on a pu penser cela. Le philosophe René Descartes (1596-1650) parlait en son temps du concept de « l'animal machine sans âme ». Il partait de la constatation que les animaux ne pouvaient pas parler et se situaient donc bien au-dessous de l'être humain. Le naturaliste John Locke (1632-1704) l'a contredit en écrivant : « Il existe des animaux qui possèdent autant de savoir et de raison que certains êtres qui se qualifient d'humains. » Chaque espèce produit un comportement qui lui est propre, car elle est motivée à agir ainsi à un moment

Quel que soit le type de comportement, si un être vivant n'est pas motivé à le produire, ce comportement n'aura pas lieu.

donné. Chaque comportement a une cause précise. Il importe peu que le cheval produise un comportement (par exemple la prise de nourriture) parce qu'il a une motivation interne ou parce qu'il répond à l'ordre d'un entraîneur (par exemple le changement d'allure à la suite d'un signal du cavalier). Si le cheval n'est pas motivé pour répondre à ce signal – et si de plus on ne lui a pas auparavant donné la signification de ce signal –, il ne se comportera pas de la façon souhaitée. Tous ceux qui travaillent d'une façon ou d'une autre avec des chevaux doivent réfléchir à la raison pour laquelle l'animal a tel ou tel comportement. Ce n'est qu'ensuite qu'ils pourront agir de manière intelligente et efficace, c'est-à-dire, par exemple, commencer à le déshabituer d'un comportement non souhaitable ou transformer celui-ci en action voulue. Il faut savoir que le cheval ne veut pas nous irriter quand il ne se comporte pas de la façon que nous souhaitons. Le comportement est quelque chose de permanent. Tout au long de la vie d'un animal, il se comporte toujours de la même façon. Le sommeil, par exemple, fait partie des comportements. Les raisons pour lesquelles les animaux

Animaux doués de raison et de sentiments

« Il n'est pas raisonnable de vouloir nier un fait avéré. Et c'est une vérité indéniable que les animaux possèdent autant de raison et de sentiments que les autres humains. »

DAVID HUME,
philosophe britannique
(1711–1776)

Dans le cadre de notre programme d'éducation, nous cherchons à influencer le cheval pour qu'il soit motivé dans certaines situations précises.

En s'arrêtant, le cheval ne cherche pas à « irriter » la cavalière. Il manque simplement de confiance et éprouve peut-être de l'angoisse.

se comportent de telle ou telle façon ont toujours intéressé les biologistes. L'éthologie est la science du comportement. En tant que telle, c'est une science récente. Elle n'a été reconnue comme domaine d'étude autonome des sciences de la nature que depuis les années 1940. Si au début il s'agissait surtout d'établir des « études comparatives de comportement » entre les différentes espèces, aujourd'hui l'éthologie a étendu son domaine de recherche et traite du comportement sous tous ses aspects.

Comportements individuels

La tentative d'explication d'un comportement peut se faire en se penchant soit sur les causes soit sur la fonction. Les différents types de comportements sont classés selon la fonction à laquelle ils se rattachent. Les différents éléments de comportement se recoupent souvent et leur délimitation reste subjective. Une action telle que se rouler sur le sol peut être qualifiée de « comportement de confort » ou de « comportement de soin du corps ». Le fait qu'un étalon pose son encolure sur une jument peut

QUE SONT LES COMPORTEMENTS FONCTIONNELS ?

On appelle comportements fonctionnels les types d'actions comportementales qui se différentient par leurs buts, leurs motivations ou leurs objets. Parmi eux, les plus importants sont :

▸ Comportement de repérage : par exemple, mise en éveil des organes des sens, avec des regards pour repérer l'environnement

▸ Comportement métabolique et cycle d'énergie : par exemple, prise de nourriture et défécation

▸ Comportement de soin du corps : par exemple, se mordiller, se lécher, se frotter

▸ Comportement de confort : divers éléments des comportements de soin du corps en font partie, comme par exemple s'étirer ou bâiller

▸ Comportement de reproduction : l'accouplement

▸ Comportement territorial : par exemple, délimitation du territoire

▸ Comportement de soins apportés aux poulains

▸ Comportement de jeu : par exemple, mouvements désordonnés

▸ Comportements sociaux et de communication : par exemple, hennissements, langage corporel, coopération ou concurrence avec les partenaires sociaux

▸ Le comportement agressif ne fait pas partie des comportements fonctionnels. Il indique simplement un moyen pour atteindre un objectif.

Prise de nourriture et comportement social

Comportement social et de confort

Comportements de reproduction, social ou territorial

Prise de nourriture ou comportement de repérage

Comportement métabolique

Comportement de soin du corps et
de confort

Comportement de repérage

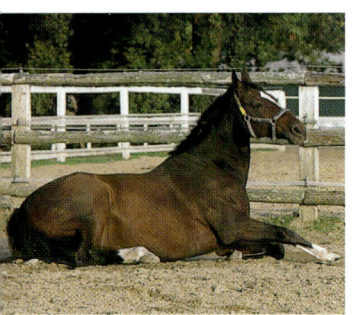

Comportement de confort et de
repérage

être vu comme un comportement de reproduction, mais si cette action se fait sur un autre étalon, un hongre ou une jument non réceptive, il s'agit d'un comportement social, de communication ou de jeu. La question du « pourquoi » d'un comportement est centrale dans l'éthologie. Une fois posée cette question de la causalité, c'est-à-dire ce qui fait réagir l'animal à un signal, il faut se poser la question du « comment », autrement dit observer attentivement l'action. La dernière question est fonctionnelle et concerne donc la finalité de l'action. Elle s'attache à la fonction biologique ou à l'objectif déterminé d'un comportement précis. Détaillons par exemple la prise de nourriture. À la question « pourquoi le cheval mange-t-il ? », on peut répondre : pour être rassasié. Un taux plus faible de sucre dans le sang et des stimuli de l'estomac ont motivé le cheval à baisser la tête et à manger, ou ils l'ont motivé à se déplacer pour trouver un beau coin d'herbe. Quand le taux de sucre dans le sang remontera ou quand les parois de l'estomac signaleront que celui-ci est plein, l'ingestion de nourriture s'arrêtera.

On pourrait aussi répondre que le cheval mange pour satisfaire ses besoins nutritifs. Tout être vivant doit ingérer une certaine quantité de substances nutritives (correspondant à un nombre de calories) pour pouvoir rester en vie. Il a besoin d'énergie pour que les organes

LES RÉPONSES AU POURQUOI

Niko Tinbergen (qui a obtenu le prix Nobel avec Konrad Lorenz et Karl von Frish en 1973) a établi quatre types de réponses au « pourquoi » d'un comportement précis. À la question « Pourquoi les chevaux galopent-ils ? », on peut apporter plusieurs réponses :

1. Réponse causale : parce qu'une impulsion a été envoyée du cerveau aux muscles et que ceux-ci ont agi en conséquence.
2. Réponse fonctionnelle : parce que la fuite au galop est la meilleure façon pour un herbivore d'échapper à ses ennemis.
3. Réponse ontogénique : parce qu'au cours de son développement individuel, le poulain a appris à coordonner ses mouvements pour galoper.
4. Réponse phylogénétique : parce qu'au cours des millions d'années de l'évolution, il s'est avéré que les chevaux les plus rapides avaient le plus de chances de survie.

Aujourd'hui, pour expliquer un comportement, on ne pose plus que la question fonctionnelle, considérant qu'elle regroupe les aspects causal, ontogénique et phylogénétique. Ces derniers sont des moyens d'atteindre l'objectif.

Comportement fonctionnel : la fuite est le meilleur moyen de se mettre à l'abri.

internes (par exemple le cœur) fonctionnent, pour que les muscles puissent travailler et aussi pour se reproduire.

Les objectifs des comportements individuels

Aujourd'hui, on considère que le but principal recherché par toutes les espèces animales est la transmission du propre patrimoine génétique. Pour que cette attitude soit possible, chaque espèce s'est adaptée de façon optimale à une niche écologique. Chaque comportement produit par une espèce animale est soumis à cet objectif. Cela ne concerne pas seulement les animaux sauvages mais aussi les animaux domestiques et dans un certain sens l'espèce humaine.

Pendant longtemps, les biologistes et les naturalistes ont pensé que le comportement animal n'était pas forcément individualisé mais qu'il visait la conservation de l'espèce. Selon ce modèle de pensée, les animaux auraient un comportement altruiste et se sacrifieraient en cas de nécessité pour la survie de l'espèce.

Au cours des 30-40 dernières années, des observations plus précises ont déterminé que ce n'était pas l'espèce entière qui était en jeu, mais de façon plus égoïste les gènes individuels. Chez de nombreuses espèces, on observe, par exemple, des phénomènes d'infanticide (le fait de tuer ses propres petits), le plus souvent pour les animaux qui vivent dans un schéma de harem. Si un mâle jeune et fort remplace le vieux mâle dominant, il tuera éventuellement la descendance de ce dernier. Les femelles deviennent alors vite fécondables et le nouveau mâle peut produire sa propre descendance sans avoir à « entretenir » celle de l'ancien rival. Ce comportement, observé chez des lions dans les années 1970, a mis à mal pour la première fois le « modèle de la conservation de l'espèce ». D'autres observations du même genre, chez différentes espèces, notamment des singes, ont permis de conforter le modèle

Ça doit valoir le coup !

On peut répondre de façon lapidaire au « pourquoi ? » d'un comportement en disant que ce comportement est produit parce qu'à ce moment-là l'animal peut en tirer un bénéfice (il peut espérer une récompense au sens le plus large du terme) et que le coût de ce comportement (par exemple l'énergie utilisée) est largement compensé par le résultat qui est escompté.

du « gène égoïste ». Fondamentalement, chaque animal veut transmettre de façon très égoïste son patrimoine génétique (les gènes) à la génération suivante. Cet objectif constitue le facteur déterminant (la motivation) de chaque comportement.

Chez les chevaux vivant à l'état sauvage, le harem est le schéma social de base. En tant que « proies » herbivores, les chevaux ne commettent pas d'infanticides. Les seuls exemples sont des cas isolés.

La raison de ce renoncement à l'infanticide ne signifie pas que les lions sont plus « moralement déchus » que les chevaux. Les raisons sont à trouver concrètement dans l'adaptation spécifique à une niche écologique. Les bébés lions nécessitent plus de soins et de protection que les poulains. Cela demande de l'énergie et le mâle dominant est mis à contribution. Pour les poulains, il en va tout autrement. C'est la mère qui s'occupe principalement de son poulain (qui n'a en général ni frère ni sœur). De plus, l'herbe ne doit ni être poursuivie, ni chassée, ni ramenée péniblement au poulain. Un nouvel étalon dans un harem

La transmission des gènes à la génération suivante est ce qui sous-tend tout comportement.

peut donc se permettre d'être tolérant envers la progéniture de son prédécesseur.

La condition physique biologique des chevaux

Dans l'étude du comportement, le concept de « condition physique » évoque la réussite de la reproduction. Un animal ayant une condition biologique élevée réussit à faire passer une grande partie de ses gènes à la génération suivante, autrement dit c'est un animal qui a de nombreux descendants. Pour parvenir à cet objectif, l'animal doit réussir un certain nombre de sous-objectifs, dans le seul but de rester en vie en attendant le moment de se reproduire. Il doit, entre autres choses, manger et boire. Pour les animaux grégaires, comme les chevaux, le contact avec les congénères est également important. Il sera très stressé, avec des conséquences graves pour la santé (jusqu'à la mort) si un cheval doit vivre seul pendant une longue période. Un des facteurs de survie les plus importants est naturellement la préservation corporelle. Chaque espèce cherche à éviter les blessures, car elles diminuent les chances de survie.

Quelques juments avec leurs poulains se partagent ce pâturage. Les membres d'un même groupe sont également des concurrents potentiels pour toutes les actions visant à transmettre les gènes. C'est pourquoi dans certaines situations leurs réactions peuvent être agressives.

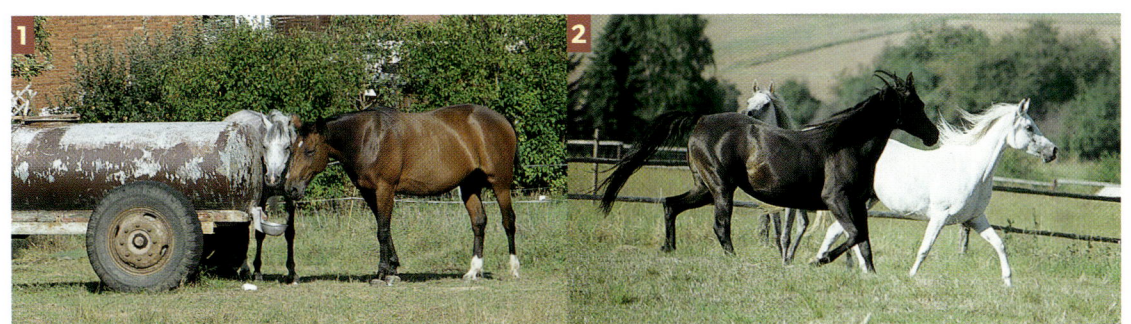

1 Une ressource pour l'optimisation de la condition physique : l'eau

2 Le contact avec les congénères est également une ressource. Les chevaux sont des animaux sociaux et souffrent de la solitude.

C'est une des principales « stratégies de vie » de chaque espèce. Nos animaux domestiques n'ont rien perdu de tout cela. Quelques milliers d'années de domestication et d'élevage sélectif n'ont pas suffi à faire disparaître ces gènes essentiels ou à réduire leur influence sur le comportement. Non seulement le cheval est resté une « proie » toujours prête à prendre la fuite, mais il a aussi le même égoïsme sain que ses ancêtres. Chacun des comportements que vous observez chez le cheval est motivé par le désir d'optimiser sa condition physique.

S'il n'en était pas ainsi, nous ne pourrions pas utiliser les chevaux à nos propres fins. Si nous pouvons dresser les chevaux, c'est parce que nous pouvons leur dire : « Si tu veux optimiser tes aptitudes individuelles, écoute bien ce que je te dis et comporte-toi en conséquence. » Des éléments d'apprentissage tels que les récompenses et les punitions ne peuvent fonctionner que s'ils s'inscrivent dans les principes de base du cheval, à savoir la satisfaction des besoins et le désir d'éviter les blessures.

Les chevaux n'obéissent pas aux ordres pour la simple raison qu'ils aiment leur maître ou éprouvent de la crainte à son égard. Les chevaux réagissent à certains de nos signaux parce qu'ils savent d'expérience que cela peut leur être bénéfique. Pour éviter tout échec dans l'apprentissage, il faut tenir compte de cette réalité.

La protection des ressources

Pour atteindre l'objectif à long terme de « l'intensification de la condition physique biologique », il faut à court terme protéger les ressources, à savoir la nourriture, l'eau, la présence de congénères, le territoire, les partenaires pour la reproduction et la protection du corps.

Former ou éduquer, pour le cheval, c'est du pareil au même. Il apprend à produire certains comportements à la suite de certains signaux. Ici, le fait de caresser les nasaux signifie : « Bravo, tu as eu le bon comportement. »

LE DRESSAGE, SYNONYME D'APPRENTISSAGE

Former, éduquer, entraîner un cheval signifie lui apprendre ce qu'on tient pour important. Ce qui se passe pour celui qui reçoit la formation ou l'enseignement correspond toujours au même processus d'apprentissage dans le cerveau. Il n'y a que l'être humain qui fasse une différence entre ces notions.

Cet apprentissage consiste à amener le sujet à accomplir des actions précises (déterminées par l'éducateur) en réponse à des signaux concrets. Ce signal peut être sonore, par exemple le mot « Viens ! ». L'action consiste alors pour le cheval à se déplacer et à se diriger vers celui qui a émis le signal. Cela peut être un signal tactile (une caresse par exemple). Une pression sur sa cuisse signifiera un changement d'allure ou de direction de la monture.

Le concept d'éducation est en général employé pour désigner l'apprentissage de la vie sociale : comment s'insérer dans une communauté et suivre les règles de la vie ensemble. On éduque donc les chevaux pour qu'ils deviennent des compagnons « agréables » pour l'homme : ils ne doivent pas avoir peur de lui, tolèrent sa présence et son contact, et ne réagissent jamais avec agressivité à son égard.

Le sujet que l'on éduque subit une certaine contrainte. L'apprentissage n'est pas toujours une partie de plaisir. Des surprises sont souvent au rendez-vous.

Au cours de ma pratique de thérapie du comportement animal, j'ai constaté que les propriétaires de chevaux n'admettent pas ou ne se rendent pas compte que cet animal a un comportement de base qui est la fuite devant le danger. À l'état sauvage, le cheval est une proie et il réagira toujours en tant que tel. Tout bruit ou objet inconnu sera assimilé à un prédateur possible. Beaucoup de propriétaires croient qu'il suffit de dire au cheval : « C'est bon, il n'y a pas de danger », pour qu'il reste tranquille. Il s'agit d'un leurre. Devant une situation dangereuse, le cheval ne pourra renoncer à son comportement inné, qui lui a été utile pendant des millions d'années, que s'il est absolument convaincu qu'aucun danger ne le menace. L'homme peut très bien lui apprendre le signal « Pas de danger », mais il doit le faire en n'oubliant jamais le comportement inné du cheval.

En tant que formateur et dresseur, l'homme choisira une forme de communication que le cheval comprendra. Dans le cadre du travail avec le cheval, un langage commun se développe. Mais au début, il convient de bien préparer le cheval si on veut que ça réussisse.

Devant le danger, le cheval réagit de façon innée en éprouvant de la peur et en essayant de prendre la fuite, ou tout du moins en reculant.

Pas d'apprentissage sans communication

Pour pouvoir apprendre, il faut qu'il y ait communication. La communication signifie simplement « échange d'informations ». Si on formule la chose de façon très abstraite, on peut dire qu'il s'agit d'une concordance entre des systèmes biologiques ou techniques. Ces systèmes biologiques sont des êtres vivants, par exemple un cheval et son entraîneur. Quel que soit son objet, la communication est quelque chose qui occupe chaque seconde de la vie de tout être vivant. Tant qu'il y a de la vie, les organes des sens reçoivent les signaux de l'environnement. Même la perception de la température de l'air est une forme de communication. Selon le signal, l'organisme réagit par un comportement approprié. Pour ce qui est de l'exemple de la température, la réaction comportementale peut être une intensification des mouvements. L'organisme réagit au froid en intensifiant l'activité musculaire. Au contraire, en cas de température élevée, le cheval se déplacera pour trouver un coin d'ombre. Le rapport avec le chapitre précédent est évident : un être vivant réagit toujours à un signal

À chaque seconde de sa vie, le cheval, comme tout être vivant, capte une multitude de signaux. Température, odeurs ou bruits n'en sont que quelques exemples.

reçu dans le but d'optimiser ses fonctions individuelles. En cas de température trop élevée ou trop basse de l'environnement, l'animal cherchera une solution pour maintenir de façon optimale sa température corporelle.

C'est au cours de l'apprentissage que le cavalier et sa monture communiquent le plus intensément. Mais il faut savoir que l'homme communique souvent inconsciemment avec son cheval, par sa simple présence. Contrairement à nous, les chevaux sont très attentifs au langage corporel de leurs vis-à-vis. Comme chez tous les animaux très sociaux, les chevaux accordent une grande importance aux attitudes corporelles et aux mimiques de leurs pairs. Les sons ne viennent qu'en seconde position dans la communication, par exemple si la distance entre deux sujets est telle que le langage corporel « ne passe plus » ou si une mimique a besoin d'être intensifiée. L'homme peut devenir un partenaire de communication si le cheval le côtoie dès le plus jeune âge, et dans ce cas le dressage devient une forme de sociabilité intense.

L'être humain peut devenir un partenaire social. Le cheval communique d'abord avec lui par le langage corporel et les mimiques, et en second lieu par le contact et les sons.

Éviter les malentendus

Si l'homme ne se rend pas compte de l'importance du langage corporel pour le cheval, cela peut entraîner des erreurs dans la communication et donc des problèmes dans le dressage ou tout simplement dans la relation homme-animal. La plupart des problèmes d'obéissance sont en général dus soit au manque d'intensité du dressage, soit à une mauvaise communication.

Les exemples de malentendus dans la communication sont nombreux. Dans certaines circonstances, les conséquences peuvent être graves. Un exemple typique de malentendu pouvant avoir des conséquences dramatiques est la position frontale avec le regard dirigé droit dans les yeux de l'animal. Chez les êtres humains, il est considéré comme courtois de faire face à son interlocuteur et de le

Échanges d'informations

L'apprentissage ne peut réussir que s'il s'accompagne d'une communication intense. Sans communication, c'est-à-dire un échange d'informations, il aboutira à l'échec. Le cheval doit enregistrer des informations sur son environnement et les liens unissant les diverses réalités. Cette communication se fait naturellement dans le cerveau.

regarder dans les yeux en lui parlant. Mais chez les chevaux, il en va autrement. Pour eux, il est malpoli (= dangereux) de regarder son vis-à-vis dans les yeux et de se positionner directement devant lui. Le regard direct et la confrontation frontale font partie des signaux de menace et ont des conséquences sur les rapports sociaux. Si une personne se place devant un cheval, le regarde et l'appelle, pour établir un contact avec l'animal et éventuellement l'amener à s'approcher, elle ne doit pas s'étonner si c'est tout le contraire qui se produit : le cheval restera immobile ou même reculera de quelques pas. Au pré, cela peut aboutir à un refus de l'animal de se laisser capturer. Par son langage corporel, la personne a envoyé un signal signifiant : « Ne m'importune pas ou va-t'en, le contact direct n'est pas souhaité. » Un cheval doué en communication et bien socialisé fera peut-être ce qu'il croit devoir faire. Mais un animal moins bien socialisé pourrait très bien se sentir menacé par ce langage corporel et prendre la fuite, ou même être agressif si la fuite n'est pas possible. Nous reviendrons ultérieurement sur ce type de problème.

1 Si vous vous approchez d'un cheval de face, l'animal peut se sentir menacé, même s'il a un contact facile avec les gens.

2 Il est préférable de s'approcher de lui lentement sur le côté en se signalant : il tournera sa tête vers vous et se sentira tout à fait détendu.

Si le cavalier tire avec force, le
cheval exercera un mouvement
d'opposition. Si d'aventure le
cavalier insiste, on arrivera vite à
l'impasse, avec du stress de part
et d'autre.

Il est préférable d'arriver par-
derrière puis d'avancer lentement sur le côté.

Ces situations peuvent paraître sans importance mais en
fait elles peuvent nuire énormément à la relation entre
l'homme et l'animal. De nombreuses personnes réagissent sèchement quand le cheval ne fait pas ce qu'elles
veulent. En général, il s'agit d'actions qui, d'un point de
vue humain (!), sont élémentaires et que le cheval devrait
connaître depuis longtemps. Les cavaliers estiment alors
que le cheval les nargue. « Il sait très bien qu'il doit venir
mais il refuse pour faire l'intéressant. » Ils réagissent avec
irritation, réitèrent leur ordre, d'une voix plus dure, et
adoptent une attitude corporelle plus frontale (se pencher
en avant ou même avancer d'un pas). Le cheval interprète
l'attitude de la façon suivante : « Celui-ci veut me tenir à
distance et devient même agressif. » De cela, le cheval
apprendra à éviter le plus possible l'homme dans l'avenir,

Définition de « signal »

En communication, le concept de signal a la définition suivante : « Quelque chose qui a une signification pour quelqu'un. » D'après cette définition, on comprend bien quelle est la cause principale des problèmes de communication. La communication ne fonctionne parfaitement que si les deux parties perçoivent les mêmes informations dans un signal donné.

afin de protéger son propre corps et ne pas être victime de l'agressivité imprévisible d'un être humain.

N'oubliez jamais que chaque comportement vise à optimiser l'individu. Avancer vers une personne présentant un danger n'aboutirait à aucune optimisation, et les chevaux sont tout sauf stupides...

Il serait préférable que l'homme en charge de l'animal se donne auparavant la peine d'amener son cheval à ne pas donner au regard direct de l'être humain la même signification que celui entre chevaux. Tout malentendu serait ainsi dissipé. Le cheval aurait assimilé cette langue étrangère. Le contact des yeux et le langage corporel évoqués dans l'exemple cité plus haut étaient des signaux que le cheval avait décryptés. Cet exemple montre bien qu'un « signal » n'est pas un « signal » simplement parce qu'il en a l'apparence. Ce qui importe, ce sont les informations contenues dans le signal, et celles-ci sont définies à l'intérieur d'une culture ou d'un groupe social, puis apprises par les membres du groupe.

Échange d'informations grâce à des signaux : signaux olfactifs (odeur) et peut-être aussi acoustiques (sons).

LES SIGNAUX SONT PORTEURS D'INFORMATIONS

Le concept de « signal » est aussi parfois désigné par des termes du genre « signe » ou « stimulus ». Ces notions ont en commun le fait qu'elles portent des informations.

L'information est délivrée par l'intermédiaire du signal de telle sorte que le récepteur la reçoive et l'interprète. Un exemple d'information transmise est, par exemple, le contenu de la phrase que vous venez de lire. Votre cerveau a décrypté le contenu et vous a transmis les informations. Les signaux sont dans ce cas les lettres, qui contiennent l'information. Prenons un autre exemple : une pression exercée sur la cuisse du cheval. Le signal prend la forme d'un contact physique, d'une pression sur une partie bien précise du corps du cheval. L'information pour le cheval est « déplacement vers l'avant » (si vous avez naturellement préparé votre cheval à associer le signal à cette information !).

Un signal n'est pas obligatoirement associé à une information unique et simple. Les comportements complexes des êtres vivants donnent aussi lieu à des signaux, qui sont reçus par plusieurs des canaux sensoriels du récepteur.

Ce signal optique et olfactif contient des informations importantes.

PETITE INCURSION DANS LA BIOLOGIE DE L'APPRENTISSAGE

S'il n'y a pas une sorte de récompense ciblée, il est impossible d'apprendre à un cheval à obéir à certains ordres. Le cheval intégrera par hasard (et donc pas de façon fiable) ce qu'on veut lui faire faire parce que : a) l'ordre est simple, b) l'exercice sera récompensé d'une façon ou d'une autre.

Apprendre signifie capter des signaux dans l'environnement, les décrypter dans le cerveau puis réagir à un signal particulier pour qu'il y ait production de quelque chose de positif. Ce « positif » signifie que l'on ressent quelque chose d'agréable en rapport avec le comportement en question ou que l'on évite quelque chose de désagréable ou de dangereux.

Tous les processus d'apprentissage et d'accoutumance passent par le cerveau. Il existe cependant quelques exceptions, concernant par exemple certains réflexes qui passent par la moelle épinière. Aujourd'hui, nous connaissons très précisément le processus cérébral de l'apprentissage et les « endroits » exacts où se forme la mémoire. Nous savons quelles structures du cerveau et quelles substances chimiques jouent un rôle. Pendant des siècles, la connaissance du cerveau a essentiellement été basée sur l'expérience mais, depuis quelques dizaines d'années, les recherches ont permis de faire un grand bond en avant et d'invalider certaines anciennes affirmations. On a long-temps cru qu'on pouvait dresser un cheval sans le récom-penser, qu'il suffisait au bout d'une demi-heure d'exer-cices de lui faire un signe de tête en guise d'approbation, ou qu'on devait le récompenser seulement au début de l'apprentissage.

Au cours de l'apprentissage, il se produit des connexions entre deux signaux ou une connexion entre un signal et un comportement. Il y a donc deux processus de condi-tionnement. Le conditionnement consiste, grâce à un système de répétitions, à associer durablement des signaux à des comportements.

CINQ PRINCIPES DE BASE POUR LE DRESSAGE DES CHEVAUX :

1. Une chose est considérée comme parfaitement apprise (= bien intégrée dans le cerveau) si elle est simultanée par rapport à l'ordre ou si elle se produit moins d'une seconde après ce dernier.

2. Il faut une certaine fréquence pour que le couple signal-compor-tement soit définitivement intégré (pour la mémoire à long terme). C'est pourquoi les éléments constitutifs des signaux doivent toujours avoir le même contenu, afin que la connexion puisse s'établir de façon stable.

3. Les comportements qui entraînent une récompense seront de plus en plus fréquents. Pour le cheval, la récompense signifie : « Je peux optimiser mes aptitudes individuelles. » Il gardera donc ce comportement et l'améliorera même.

4. Les comportements qui entraînent des conséquences négatives ou désagréables (punitions) ont tendance à disparaître avec le temps, car ces comportements mettent en danger le bien-être du cheval.

5. « Récompense » et « conséquence désagréable » sont des notions subjectives et dépendent toujours d'une situation donnée.

Le conditionnement classique

Le conditionnement qu'on appelle classique consiste à connecter deux signaux. Pour ceux qui se souviennent de leurs cours de sciences naturelles, cela correspond à la célèbre expérience d'Ivan Pavlov avec des chiens. Le signal « nourriture » (représenté ici par l'odeur et le regard) est associé au signal « bruit ».

Chez les mammifères, la nourriture déclenche une réaction innée : le travail des glandes salivaires. Une fois le conditionnement de la connexion « nourriture-bruit » établi après un certain nombre d'exercices, le bruit parvient à déclencher la réaction comportementale sans qu'il y ait besoin de montrer la nourriture.

Chaque être vivant dispose d'un répertoire de comportements innés, qui peuvent être spontanément déclenchés par les signaux adéquats, captés par les organes des sens. Ces comportements innés ont pour but la préservation de la vie et donc l'amélioration de la condition physique. À cette catégorie appartiennent les réflexes de défense et de protection, y compris les processus du système immunitaire, ainsi que les différents éléments de réaction par rapport au stress des grands vertébrés.

La caresse est une récompense. En conditionnement classique, on l'associe habituellement à un mot du genre « bien ».

Peu de déclencheurs d'angoisse sont innés, la plupart sont appris. Au début, ils sont conditionnés de façon classique. Ce cheval a peur de tous les sachets en plastique qu'il « rencontre ».

Ces réactions et ces comportements innés ont en commun d'apparaître à la suite d'un contrôle ciblé et conscient de l'organisme.

Chez le cheval aussi, le couple regard/odorat-nourriture déclenche la salivation. Par contre, l'activation des glandes salivaires à la suite de la perception d'un son n'est pas un comportement inné. Ce ne serait pas logique chez un cheval. L'herbe ne fait pas de bruit et ne déclenche donc pas de cette façon un « signal préparatoire » qui engagerait le processus de digestion. C'est même le contraire : les bruits signifient souvent la présence de danger et du stress, ce qui a plutôt un effet négatif sur les glandes salivaires.

Mais l'évolution reste un processus ouvert. Qui sait ce qu'apporteront les prochains millions d'années ? Tous les mammifères possèdent un cerveau disposant d'un nombre incalculable de cellules nerveuses réparties en structures diverses et toutes étroitement liées les unes aux autres. L'être humain a des milliards de cellules nerveuses dans le cerveau pouvant chacune être reliées à 10 000

Par son propre comportement, l'être humain peut influencer positivement ou négativement les comportements associés aux déclencheurs d'angoisse.

autres cellules. Dans cet immense réseau, il existe un ensemble de connexions stables et innées. La connexion entre les cellules nerveuses influant sur la salivation et celles décryptant les signaux optiques et olfactifs est très stable. Mais il existe aussi des connexions qui ne sont pas utilisées et qui sont pour ainsi dire en réserve. On compte parmi celles-ci les connexions entre les zones du cerveau pour l'odorat, la vue et l'ouïe. Au cours d'une série d'exercices, Pavlov a réussi à activer ces connexions chez les chiens. Une telle chose est également possible chez le cheval.

Les états émotionnels peuvent aussi être associés à certaines situations et cela de manière innée. Des émotions comme la joie ou la peur peuvent être conditionnées de façon classique. Tout comme chez les animaux, la peur est quelque chose qui s'apprend chez l'homme. Seuls quelques déclencheurs d'angoisse sont fixés dans le patrimoine génétique, comme celui, déjà mentionné, de « la peur de l'inconnu ».

Le conditionnement instrumental

Le conditionnement instrumental consiste à associer un signal à une réaction comportementale consciente de la part du cheval. La qualité du conditionnement (le taux de réussite) est directement influencée par les conséquences que le cheval expérimente en réaction à son comportement. Le résultat peut, du point de vue du cheval, être positif (agréable, récompense) ou négatif (désagréable, punition). En langage scientifique, on appelle renforcement le résultat déclenché par un comportement. On peut aussi dire que la réaction comportementale qu'un être vivant déclenchera à l'avenir, en rapport avec un signal donné, est orientée vers les conséquences qu'a jusque-là produit cette réaction chez cet être.

Toutes les choses dont a besoin un être vivant pour survivre et améliorer ses aptitudes individuelles dans le

Définition du « renforcement »

On peut appeler renforcements les signaux dont l'apparition, la disparition ou le contournement sont temporellement associés à la réaction comportementale d'un être vivant, avec la probabilité que cette réaction se reproduise, à l'avenir, avec des conséquences positives ou négatives.

COMMENT FONCTIONNE LE RENFORCEMENT ?

Dans le conditionnement instrumental, la connexion entre le signal et le comportement doit être aussi rapide que celle du conditionnement classique : une seconde ou moins, c'est-à-dire quasiment en même temps. Mais ici, il faut en plus que, dans cette courte période de temps, le renforcement prenne place.

L'apprentissage instrumental est quasi impossible sans renforcement. Afin que cette forme de conditionnement réussisse, le système interne de récompense doit être activé, et c'est là qu'intervient le renforcement.

Les réactions comportementales qui peuvent être conditionnées de façon instrumentale sont des comportements que l'organisme déclenche consciemment, par exemple le mécanisme musculaire des membres. Cela implique que, par rapport à un signal appris, le cheval a toujours le choix entre deux comportements : produire le comportement conditionné approprié ou ne pas le produire. Plus le cavalier aura réussi son dressage, plus sera grande la probabilité que le cheval opte pour la première solution.

1 Apprentissage instrumental :
en exerçant différents types
de pressions sur le corps du
cheval, celui-ci apprendra à
produire le comportement
adéquat dans une situation
donnée. À la longue, il repro-
duira ce comportement de
manière constante.

2 Grâce à une récompense
appropriée au bon moment,
vous aurez peut-être droit à
un numéro de cirque !

cadre de la condition physique biologique peuvent avoir
une fonction de renforcement, que l'évolution a déterminée. On peut aussi dire que les ressources que nous
avons déjà évoquées (nourriture, eau, territoire, contact
social, partenaires pour la reproduction et préservation
corporelle) ont des qualités de renforcement. Il faut cependant faire le distinguo entre qualité et fonction du renforcement. La nourriture ou le contact avec un partenaire
social ont une qualité de renforcement inné et peuvent
influencer, voire déclencher des processus d'apprentissage. Le fait qu'ils se situent dans une situation individuelle particulière ou qu'ils aient une fonction de renforcement dépend de la situation en question. Un cheval
rassasié ne sera pas attiré par une ration alimentaire.
Même si cette ration signifie une ressource pour lui, elle
n'aura pas une fonction de renforcement. À ce moment-là,
la ration ne sera pas importante pour le cheval.
La même chose est valable pour le contact social. Pour un
animal hautement social comme le cheval, le contact
social (attention, caresses, communication sonore) peut

être un renforcement. Mais sur ce point, l'homme doit veiller à certaines choses. Pour les chevaux qui sont peu ou mal socialisés avec l'homme, l'offre de contact social avec l'homme n'a que peu d'importance. Au contraire, ces chevaux peuvent même avoir peur de lui, car ils se sentent menacés. Un cheval qui a des contacts libres avec d'autres chevaux dans son enclos ne recherchera pas forcément le contact humain, même si ce contact ne lui est pas désagréable. Avant donc d'utiliser un mot ou une caresse en tant que renforcement, il faut effectuer un travail préparatoire : il faut que d'une manière ou d'un autre le cheval devienne dépendant de la personne qui l'éduque pour que le mot utilisé comme renforcement ait une valeur. La façon de procéder sera expliquée dans le chapitre suivant. N'en concluez surtout pas que les chevaux doivent exclusivement vivre en box, séparés les uns des autres, bien au contraire !

L'heure du repas : pour que des chevaux se tiennent à si peu de distance l'un de l'autre, il faut qu'ils soient très amis ou qu'il s'agisse d'un couple jument-poulain.

Jusqu'à présent, nous n'avons parlé que de renforcements « agréables » : en l'espace d'une seconde, le cheval reçoit une ressource, c'est-à-dire une récompense, pour son comportement. Mais il va de soi que dans la biologie de l'apprentissage et le dressage il y a aussi des renforcements désagréables : les punitions.

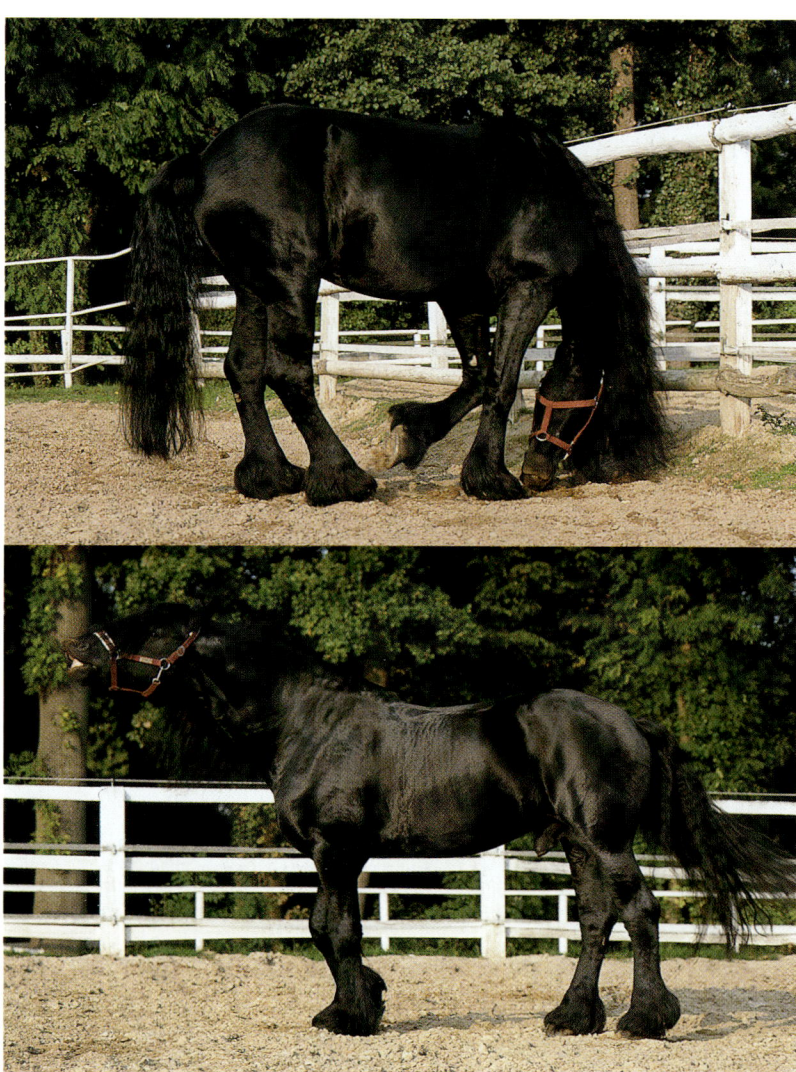

L'étalon inspecte l'enclos. Théoriquement, cela peut avoir valeur de renforcement, mais ce comportement est difficile à utiliser dans le cadre d'un apprentissage quotidien.

La récompense est la possibilité d'obtenir des informations sur les partenaires potentielles pour la reproduction.

RENFORCEMENTS POSITIFS ET NÉGATIFS

▶ Quand un renforcement augmente la probabilité de l'apparition imminente d'un comportement, il peut être considéré comme positif.

▶ Quand un renforcement diminue la probabilité de l'apparition imminente d'un comportement, il peut être considéré comme négatif.

Les notions de « positif » et de « négatif » sont ici utilisées en fonction du résultat du comportement. Les signaux qui agissent en tant que renforcement positif sont agréables à l'animal. Les signaux qui agissent en tant que renforcement négatif lui sont désagréables.

Dans le cerveau des mammifères (et pas seulement là), il existe des zones où sont traitées les émotions. C'est là que l'angoisse, la joie, la colère, etc., sont déclenchées. Dès lors, elles exercent une influence sur d'autres parties du cerveau : elles peuvent activer certaines réactions comportementales, des réactions corporelles (par exemple celle du stress) et influencent de manière significative le déroulement d'un apprentissage. Cette influence sur le comportement et l'apprentissage se fait par le biais d'une série de substances chimiques, qui agissent dans la partie du cerveau que l'on appelle le « système de récompense ». Ce système est activé par les renforcements. Mais l'alcool, la nicotine, la cocaïne, etc., peuvent aussi l'activer.

Au sens large, les renforcements n'agissent que dans le cadre d'états émotionnels : la peur, la frustration, la joie, le soulagement, la colère, etc. Ces états émotionnels sont déclenchés en association avec des renforcements : ils donnent une information sur les possibles modifications de l'état biologique optimal. Cet état à un moment donné peut être mis à mal par l'application d'un renforcement

(punition) ou amélioré (récompense). Un renforcement peut aussi simplement maintenir cet état tel qu'il est. Il faut ici se rappeler encore une fois le principe de base des comportements d'apprentissage : l'apprentissage est au service de l'optimisation de l'état biologique individuel. Quand un signal de l'environnement ou un ordre donné par l'homme déclenche un comportement chez un cheval, il s'est produit juste avant dans son cerveau un « calcul des dépenses et des bénéfices ». On peut résumer ce calcul de la façon suivante :
L'étalon A est près d'une jument ; l'étalon B s'approche. L'étalon A a deux possibilités :

1. Il peut essayer de chasser l'étalon B ;
2. Il prend le large pour aller rejoindre ses autres juments et laisser cette jument à l'étalon B.

De nombreux facteurs influencent son choix. En fonction de son calcul, il optera pour la solution 1 ou 2. Voici quelques-uns de ces facteurs :

a) Quelle est l'importance de cette jument pour sa condition physique biologique ? Peut-être y a-t-il d'autres juments à sa disposition ?

b) Quelle est sa force comparée à celle de l'étalon B ? Cette question vaut pour toute expérience de combat. Chaque affrontement entraîne un risque de blessure pour les deux adversaires. La rapidité, l'expérience et la force sont donc des facteurs importants.

c) Quelle est actuellement sa puissance d'exécution ? Est-ce une période de sécheresse et donc y a-t-il un manque d'eau et de nourriture ?

d) Quelle est l'importance de l'intérêt de la jument ? Pour la conserver dans son groupe, doit-il éventuellement dépenser un maximum d'énergie trois fois par jour ?

e) Quelle probabilité y a-t-il qu'après le combat l'étalon B s'adjuge toutes les juments et ne le laisse plus en paix ?

1 L'étalon ne voit pas d'un bon œil que le cheval hongre s'approche des limites de son territoire et de sa jument.

2 Il joue maintenant tout son répertoire d'attitudes agressives et menaçantes.

3 Son comportement est influencé par le comportement du cheval hongre et les données de la situation (entre autres la clôture).

4 Pour chaque comportement, son cerveau effectue le calcul des dépenses et des bénéfices.

Pour ce qui est d'un signal donné par un cavalier et des comportements qui s'ensuivent, il se produira le même genre d'interrogations. Un rythme plus rapide (voulu par le cavalier) demande de l'énergie. Quel bénéfice le cheval retirera-t-il de cette dépense d'énergie ? Une dépense totale sans contrepartie entraînera la mort du cheval à plus ou moins court terme. Chaque comportement doit apporter quelque chose d'un point de vue biologique et contribuer à l'optimisation des aptitudes individuelles du cheval. Dans cet exemple, le côté rétribution peut être de la nourriture ou un contact social. Dans ce cas, le cheval dépensera volontiers son énergie. Mais cela peut également être l'absence de douleur. Dans ce cas, ce sont les rênes qui seront de mise. Le cheval réagit aux rênes dans le sens voulu par le cavalier, c'est-à-dire qu'il change, par exemple, de direction ou augmente son allure, puis le système de récompense de son cerveau s'active. Il faut bien comprendre ici que le système de récompense n'est pas activé par la pression, c'est-à-dire le signal, mais par la réponse donnée par le cheval. Le cavalier qui ne réussit pas à faire vivre cette expérience à sa monture (« C'est mieux si je fais ça, ça résout un problème »), ou qui exerce une pression trop longue, trop forte ou trop imprécise, empêche son cheval de profiter de cette expérience éducative. Les conséquences sont un taux de réussite réduit, le stress, le refus ou l'agressivité du cheval.

Le maniement des rênes repose sur le principe de la récompense : la pression sera relâchée si le cheval réagit bien.

Quand un cheval réagit avec succès à une pression, il peut ajouter quelque chose de positif à son bilan de condition physique. Comme il a déjà dit, avant chaque comportement, le cheval fait le calcul des dépenses et des bénéfices jusqu'à ce qu'il soit suffisamment entraîné à transformer son comportement en réflexe. Ces bilans sont ensuite conservés dans sa mémoire à long terme et actualisés de temps en temps. C'est en gros le cas dans l'exemple de l'ordre donné avec les rênes s'il ne s'agit plus que d'une délicate impulsion exercée sur les rênes ou d'une pression minimale sur la cuisse de l'animal. Le calcul des dépenses et des bénéfices a bien lieu dans le cerveau du cheval mais tout se passe si vite que le cheval n'a plus le temps de le remarquer. Ce qui a été dit plus haut sur le fonctionnement et l'efficacité des renforcements par rapport à l'amélioration de la condition physique, ou de son maintien, peut être également décrit comme « Apprendre la réussite et l'échec ». Les réactions comportementales réussies, au regard de l'amélioration de la condition physique, seront de plus en plus fréquentes avec le temps, tandis que celles qui, au contraire, ont pour effet de la diminuer auront tendance à disparaître.

PRINCIPES DE BASE DU DRESSAGE ET DE L'ÉDUCATION

De ce qui a été énoncé, on peut dégager deux choses ayant des conséquences pratiques pour le dressage des chevaux et d'autres animaux :

a) Les renforcements positifs ou négatifs ne peuvent pas être séparés, ni dans la théorie ni dans la pratique. L'absence de récompense est bel et bien une punition. Un dressage n'ayant recours qu'à des renforcements positifs est utopique. Cela impliquerait un animal incapable d'erreurs et vivant dans un environnement parfait. On peut créer sur ordinateur ces conditions idéales mais il en va tout autrement dans la nature, où un monde parfait n'existe pas. Depuis des millions d'années, l'évolution a développé les réactions aux renforcements positifs et négatifs. L'apprentissage doit donc jouer aussi bien sur la réussite que sur l'échec.

b) Dans le cadre de l'apprentissage et de l'élevage d'animaux (et donc du travail avec les renforcements positifs et négatifs), on a toujours affaire à des individus bien spécifiques. Chaque cheval est unique et particulier. Il est hors de question d'appliquer des méthodes toutes faites.

Dans les deux chapitres suivants, nous verrons comment appliquer dans la pratique ces données théoriques et comment agit concrètement le système de récompenses et de punitions.

LE CHEVAL : UN ÊTRE SOCIAL

Le comportement social au cours de l'évolution

Dans la nature, là où ils peuvent vivre sans subir l'influence de l'homme, ou alors très peu, les chevaux vivent en petits troupeaux d'une vingtaine de sujets. Ce nombre inclut les poulains. Pour les animaux adultes, le nombre maximal est d'environ dix (c'est là environ la frontière de la tolérance sociale de la plupart des chevaux), mais la structure sociale dépend évidemment de l'espace dont dispose le groupe. Plus l'espace est réduit, plus le stress est important et plus ce nombre peut encore diminuer.

Au fil de l'évolution, les chevaux se sont créé une structure sociale en petits groupes, où tous les individus se connaissent bien. Les ressources nécessaires à la survie ne sont pas seulement utilisées en groupe mais leur recherche se fait également collectivement. Si les chevaux restent à proximité les uns des autres, ce n'est pas seulement pour se nourrir dans le même espace d'herbe, s'abreuver au même point d'eau et se protéger, c'est aussi parce que ces animaux sont des partenaires sociaux amis et parce qu'ils communiquent entre eux.

Les chevaux vivent en groupes sociaux, où tous les individus se connaissent. Plus ils se connaissent, moins il est nécessaire de recourir à l'agressivité pour résoudre certains conflits.

Les véritables structures de harem n'existent plus aujourd'hui que dans les élevages extensifs. Ici, on voit un troupeau de juments.

Contrôle des naissances et sélection

Les animaux ont de nombreuses façons de s'assurer que le plus grand nombre possible de leurs gènes « atteindra » la génération suivante. Pourtant, les écosystèmes qui régissent les niches écologiques abritant les différentes espèces ont instauré une sorte de contrôle des naissances, une limitation des descendants survivants. L'homme a ensuite « triché » avec la nature pour dépasser cette limitation. Une des possibilités de maintenir une population dans une certaine limite est de produire un maximum de descendants dans un environnement relativement dangereux. Seul un certain pourcentage atteindra l'âge de pouvoir se reproduire mais ce seront ceux possédant les meilleurs gènes au regard de la condition physique biologique. Cette stratégie réussit à de nombreuses espèces de poissons et de reptiles. Par conséquent, ces espèces n'ont pas besoin de s'occuper de façon intensive de leur progéniture. Les parents ne reconnaissent pas individuellement leurs petits et pourront éventuellement les avoir plus tard pour rivaux, et même les tuer.

D'autres espèces animales n'engendrent par couple qu'un nombre limité de descendants dont ils s'occupent de façon plus intensive. Chez les renards, par exemple, le mâle et la femelle ne se côtoient qu'au moment de l'accouplement. C'est ensuite la renarde qui s'occupe des petits. Chez de nombreuses espèces d'oiseaux, les couples se forment à vie et se reproduisent chaque année. Les petits quittent ensuite leurs parents pour trouver des partenaires.

D'autres animaux sociaux vivent en groupes incluant des membres des deux sexes, avec des structures hiérarchiques veillant à ce que seuls les mâles dominants puissent saillir les femelles. C'est le cas, par exemple, des loups. Il y a aussi ce qu'on appelle les « structures de harem » : un mâle vit avec un certain nombre de femelles autour de lui. Ce type de structure sociale peut concerner des carnivores comme les lions ou des herbivores comme les chevaux.

Dans ces différents systèmes sociaux, il est établi, d'une part, que ce ne sont pas tous les animaux d'une même espèce qui peuvent se reproduire de façon illimitée, et, d'autre part, que seuls les « meilleurs » pourront se reproduire : il se met en place un « processus de sélection » permettant aux meilleurs de survivre et de se reproduire. Dans une structure de harem, ce processus concerne plus les mâles que les femelles. La dénomination « meilleurs » ne signifie en aucune façon les éléments les plus forts ou ceux ayant les dents les plus longues. Il est sûr que la musculature et les armes jouent un rôle important, mais plus importante encore est la compétence sociale associée à l'expérience.

Structure sociale chez les chevaux

- Harem : un étalon avec un groupe de juments et leurs poulains.
- Groupe de jeunes mâles : plusieurs étalons s'associent pour former un groupe social stable. Il se peut que n'apparaisse aucune structure hiérarchique dans ce genre de groupe.
- Groupe de juments : un groupe composé exclusivement de juments est possible mais rare. Ici, la hiérarchie est bien définie.

L'HOMME ET LE CHEVAL SE RENCONTRENT

Quand on a la charge d'un cheval, chaque geste est un contact social intense.

Quel rapport entre éducation et relation sociale ?

Pourquoi le cavalier ou le propriétaire d'un cheval devrait-il penser en termes de relation sociale avec l'animal dont il s'occupe ? C'est très simple : toute forme de dressage ou de simple contact avec le cheval représente un contact social. Cela signifie que le cheval, dans la mesure où il est habitué au contact avec l'homme et qu'il voit chez ce dernier un partenaire social (potentiel), produit des comportements qui s'inscrivent dans une communication sociale. Si l'on connaît les règles sociales qui régissent la vie des chevaux, quelles formes de communication ils utilisent et quels signaux (éléments de comportement) ont chez eux une fonction de communication, on a les bonnes cartes en main pour réussir le dressage. De nombreux problèmes entre l'homme et le cheval, surtout ceux de type agressif, naissent parce qu'on ne tient pas suffisamment compte de ces données importantes.

La vie en groupe

La vie en groupe a des avantages et des inconvénients. Fondamentalement, on peut dire que là où l'évolution a solidement fixé une forme de vie en groupe, en l'occurrence chez les chevaux, les avantages de la vie collective compensent largement les inconvénients. C'est dans ce cadre que se sont développés, pour les espèces, des schémas de communication et des rituels de vie en groupe. Les signaux de « domination ou de soumission » sont un exemple de cette communication, qui se traduit par des « rituels de combat ». Ces affrontements ritualisés suivent des règles précises et ne provoquent pas de blessures graves chez les combattants. Si ce genre de combat rituel pour résoudre certains conflits aboutissait à de vrais

AVANTAGES ET INCONVÉNIENTS DE LA VIE EN GROUPE

AVANTAGES :
- Sécurité accrue pour tous les membres du groupe, y compris les poulains.
- Chances plus élevées de conquérir un territoire disposant de ressources importantes.
- Chances plus élevées de trouver un bon partenaire pour la reproduction, car il n'est pas nécessaire de se déplacer pour le rencontrer.

INCONVÉNIENTS :
- Le concurrent le plus direct en cas de pénurie est à proximité.
- Un groupe se remarque plus facilement qu'un individu isolé et peut donc être aisément repéré.

Là aussi, les enjeux principaux sont l'optimisation de la condition physique biologique, la satisfaction des besoins et la protection contre les blessures. Entre les membres du groupe, il y a à la fois collaboration et compétition pour la satisfaction des besoins de base.

1 Avantage de la vie en groupe : une sécurité accrue pour les individus

2 Avantage : l'ami est à proximité.
Inconvénient : cet ami peut aussi être un concurrent.

dommages, cela irait à l'encontre de l'optimisation de la condition physique biologique. D'une part, les prédateurs profiteraient de proies faciles et, d'autre part, les animaux blessés auraient des difficultés pour se rendre aux herbages. De plus, tous les animaux sociaux qui disposent de ce qu'on peut appeler des « armes », pratiquent des « rituels de désamorçage », qui permettent de limiter les conflits sérieux avec risques de blessure grave. À cela, il faut ajouter toute la panoplie des gestes sociaux et de la communication. C'est dans ce domaine que les malentendus avec les êtres humains apparaissent le plus souvent, par exemple pour ce qui est des soins corporels réciproques (grattage principalement). Les chevaux aiment aussi se mordiller mutuellement, surtout ceux qui ont des liens proches.

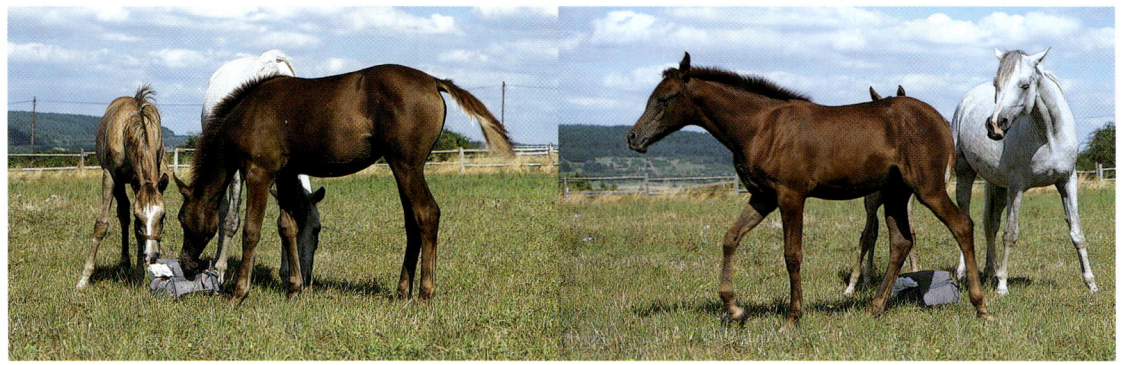

Un conflit pour une ressource
intéressante

Conséquences sur les relations entre l'homme et le cheval

Prenons l'exemple des mordillements. Cette forme de communication, qui consiste à renforcer les liens et à s'assurer la coopération des amis, est aussi utilisée par le cheval envers l'homme. Pour celui-ci, cela peut parfois devenir embarrassant : il craint pour ses beaux habits et a en outre peur des morsures. Et c'est alors qu'un cercle vicieux peut se mettre en place et fausser toute communication ultérieure.

Toute forme d'affront, ainsi que les attitudes corporelles qui les accompagnent (genre tapes ou repoussements), seront immanquablement interprétées par le cheval comme un comportement agressif (les comportements agressifs font partie des comportements sociaux !).

Entre chevaux, le fait de se mordiller mutuellement est en effet un comportement visant à réduire l'agressivité. Il s'agit d'un « comportement de réduction de la distance » pour renforcer les liens. Quand deux chevaux ont une relation leur permettant de se toiletter mutuellement, toute agressivité est exclue.

Naturellement, il peut y avoir entre chevaux des comportements menaçants (= communication agressive) ou batailleurs (par exemple, mordiller ou mordre). C'est le cas, par exemple, quand les deux chevaux ne se connaissent pas très bien et que l'un se demande s'il peut prudemment franchir la distance limite (espace individuel) et même toucher l'autre ou le mordiller. Ce dernier peut dire oui ou non mais, au bout de quelques séances, les deux chevaux auront instauré une relation qui n'impliquera peut-être pas les soins réciproques mais où chacun saura au moins prévoir le comportement de l'autre.

Un autre moment où on peut observer un comportement agressif dans le cadre des soins réciproques entre deux chevaux qui se connaissent bien est le jeu qui met un terme à l'échange. Outre les actions telles que les hochements de tête, les bousculades, les pincements, on observe des séquences de comportement qui entrent dans le domaine du jeu. Là où le grattage mutuel est établi et a instauré un comportement en conséquence, cela se termine souvent de la façon suivante : un des deux chevaux s'arrête simplement ou s'en va, à moins qu'un élément de l'environnement oblige les deux chevaux à s'arrêter. Dans le cadre d'une relation où le grattage mutuel ne joue aucun rôle, les chevaux conservent entre

Les soins corporels réciproques servent à resserrer les liens entre chevaux.

Celui qui ne respecte pas les hiérarchies sociales et avance trop la tête sera très vite remis à sa place par les autres.

eux une certaine distance. Dans ce cas, il est important que le message « Non, je ne veux ni proximité ni grattage mutuel » soit indiqué avec le minimum d'intensité, afin que la communication reste paisible. Les chevaux ne recourent jamais à la solution la plus violente quand une autre solution est possible.

Dans le cadre de ses relations avec le cheval, l'homme franchit sans cesse la distance limite entre l'animal et lui (il enfreint son espace individuel) et le touche régulièrement.

Il est naturel que le cheval réagisse par rapport à cela avec les moyens qu'il a à sa disposition, surtout quand il n'a pas peur de l'homme. En outre, ce que le cheval ne comprend vraiment pas, c'est quand quelqu'un se permet d'agir avec lui de façon imprévisible et illogique. Même si les gestes en question sont censés être amicaux, l'animal pourra réagir avec agressivité. Et cette réplique agressive sera également déconcertante.

Pour le cheval, l'homme utilise un double langage. D'une part, il dit « Garde tes distances », d'autre part il franchit lui-même en permanence la distance de sécurité le séparant du cheval, avec pour conséquence des réactions agressives imprévisibles de l'animal, comme être repoussé énergiquement. Il est toutefois assez rare que la chose se produise de façon constante.

LES BONNES MANIÈRES
ENTRE L'HOMME ET LE CHEVAL

Un exemple pratique d'éducation

Comment peut-on faire comprendre au cheval que l'on ne souhaite pas se faire mordiller tout en voulant maintenir un contact proche et un lien amical ? Comment éviter ce comportement sans que la relation avec le cheval en pâtisse ? Il suffit de trouver une alternative grâce à laquelle l'animal pourra exercer ses schémas naturels de comportement et ses besoins sans avoir en même temps à mordiller.

Le problème : Mon cheval me mordille souvent et même me mord parfois

Étapes pour résoudre le problème :

1. En premier lieu, un peu de « management » :

    a) Il ne faut pas revêtir sa plus belle veste quand on s'occupe de son cheval mais plutôt un habit usé qui ne craint rien ;

    b) Attacher le cheval avec une corde de façon qu'il ne puisse pas vous atteindre quand vous vous éloignez de lui.

2. Approchez-vous du cheval et commencez un geste, c'est-à-dire une forme de contact, qui déclenchera le grattage mutuel. Au moment où le cheval se met à mordiller, éloignez-vous vivement mais calmement et cela sans rien dire. Ce faisant, il ne faut pas regarder le cheval de front et dans les yeux, mais baisser la tête et s'éloigner parallèlement à lui. Les jurons et les gestes de défense sont également à proscrire. Au cas où au début vous n'êtes pas assez rapide, pensez toujours à avoir sur vous de vieux vêtements.

3. Les chevaux regardent toujours brièvement (et au début peut-être avec « étonnement ») de façon oblique. C'est

Revêtir de vieux vêtements et s'éloigner vivement du cheval. Se retourner ou jurer serait une récompense pour le comportement non désiré.

Le cheval prend sa revanche sur sa propriétaire pour le « massage mutuel ».

Voici une des réactions possibles de la propriétaire : prendre les choses avec légèreté plutôt que de s'énerver. Le cheval semble d'ailleurs avoir apprécié le petit massage.

pourquoi il faut observer leur angle visuel et ne pas rater le moment où la tête du cheval part dans une direction autre que celle de la personne qu'il regardait. À ce moment-là, il faut revenir calmement, sans parler, vers le cheval et poursuivre ce qui était entamé avant l'interruption. Quand nous disons « brièvement », cela veut dire un temps de réaction de une à trois secondes pour chaque élément de comportement, ce qui est très court. L'être humain est à cet égard plus lent (peut-être réfléchit-il trop ?). Le problème est que dans ce laps de temps très bref, l'être humain doit faire deux choses pendant que le cheval n'en fait qu'une : il doit d'abord *percevoir* le comportement du cheval puis réagir dans la seconde qui suit ! Ne vous en faites pas trop si au début vous *réagissez* trop tardivement. Ne considérez pas la chose comme une compétition vous opposant au cheval mais comme un échange amical et sportif. Plus vous serez détendu, mieux vous réussirez dans votre entreprise, c'est certain.

4. Les séquences 2 et 3 doivent être répétées plusieurs

fois. Si vous remarquez que le cheval met plus de temps à recommencer le mordillement quand vous vous approchez à nouveau, il est temps de songer à récompenser le comportement de substitution. Chez un cheval qui a ritualisé depuis des années le mordillement ou même les morsures, la répétition des séquences 2 et 3 peut prendre plusieurs semaines. La bonne nouvelle est qu'ensuite les progrès sont en général assez rapides.

L'immobilité et le calme seront récompensés.

5. Comportement de substitution : vous pouvez, par exemple, récompenser le cheval parce qu'il dirige calmement sa tête vers l'avant en lui donnant une friandise et/ou en lui adressant un mot de félicitation. Le cheval fait alors une expérience où la réussite et l'échec sont associés. Précédemment, de l'étape 2 à l'étape 4, l'accent était mis sur l'échec. En adoptant un comportement précis (mordiller), le cheval s'est vu retirer des « choses » qui correspondaient pour lui à des ressources importantes : attention et contact social. En adoptant un autre comportement (tête à nouveau dirigée vers l'avant), le cheval a réussi à récupérer ces ressources. Mais ce comportement souhaité n'a pas été nettement marqué par un signal de récompense. L'apprentissage sera facilité s'il l'est. Pour cela, combinez les comportements « Ignorer ce qui est indésirable » et « Récompenser ce qui est souhaité ».

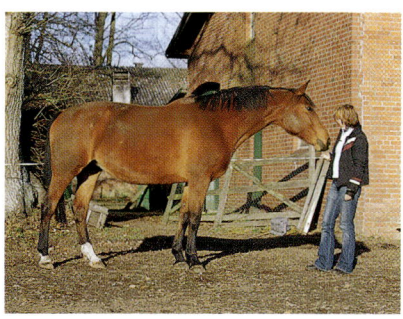

Le fait que le cheval tire la langue peut indiquer un léger stress.

6. Il vous faut encore répéter l'exercice de nombreuses fois et ne pas perdre votre sang-froid. La réussite ne vient pas au bout de dix-vingt répétitions ! Il en faut des centaines, voire des milliers, et s'armer de patience !

Le fait de tirer la langue peut, par exemple lorsqu'il mâche à vide, indiquer un comportement de soumission, au sens large du terme.

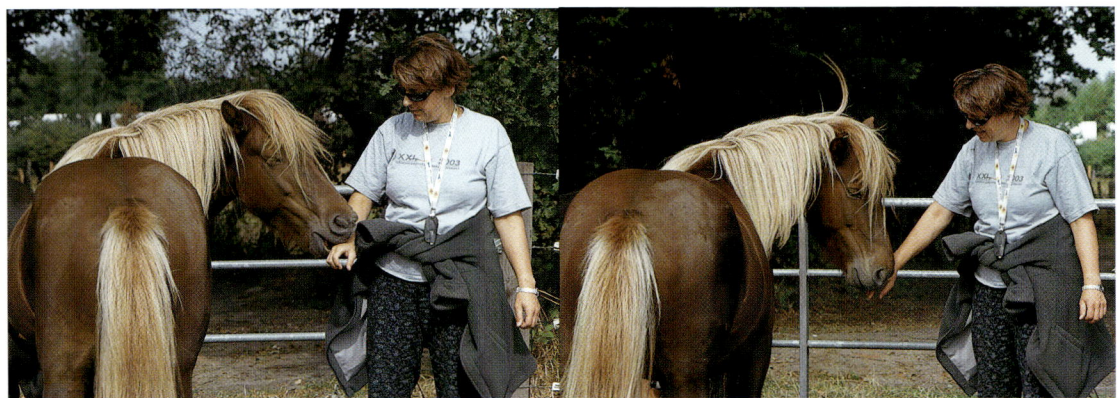

Une autre façon d'influer sur le mordillement. La main est retirée calmement et nettement.

Si le cheval exerce simplement une pression avec les nasaux, il doit être récompensé. Il apprend ainsi à pousser la main et peut, par la suite, pencher la tête dans différentes directions. Cela peut être pratique pour des exercices du genre « Épaule en dedans ».

LES MOTIVATIONS DE BASE DU CHEVAL

J'ai souvent remarqué que les gens se faisaient de fausses idées sur la notion de répétition des exercices. Ils s'imaginent souvent qu'il suffit de les répéter seulement plusieurs fois et se trompent aussi sur la fréquence de l'utilisation des renforcements positifs (récompenses). Dans la plupart des cas, les gens se font des idées irréalistes.

Une autre idée reçue est de croire que le cheval possède une sorte de « conscience de ce qui est bien et mal ». Les notions de « bien » et de « mal » ne concernent que les hommes et, même chez les humains, elles sont définies à l'intérieur d'une culture bien définie (ce qui est bien pour un peuple ne le sera pas forcément pour un autre). Le cheval ne se soucie jamais de savoir si ses comportements sont « bons » ou « mauvais » d'un point de vue humain. Pour lui, une seule chose compte : optimiser ses aptitudes individuelles. Cela ne veut pas dire pour autant que toutes les actions des animaux soient fondamentalement égoïstes. Un animal peut trouver un avantage à aider un ami. Cela ne change rien aux motivations fondamentales de chacune des actions de l'animal.

LES PROBLÈMES EN PRATIQUE

Les défauts de compréhension de la méthode d'éducation

Une théorie n'est valable que si elle est confrontée à la réalité. Ce n'est que lorsqu'on essaie de l'appliquer que l'on se rend compte de ses points faibles et des modifications ou adaptations éventuelles qu'il faut y apporter. La résolution des problèmes, les notions de réussite et d'échec doivent en effet toujours être adaptées à l'animal dont on a la charge. Mais, d'autre part, il est également important de tenir compte des principes biologiques et des aspects fondamentaux de l'apprentissage, car il est courant de toujours commettre la même erreur au même moment, le plus souvent inconsciemment.

Dans le cadre de ma profession de vétérinaire, les problèmes que je dois résoudre sont rarement récents. J'ai même connu un propriétaire de cheval qui a supporté pendant cinq ans que son cheval le désarçonne et le morde. Naturellement, pendant ces cinq années, cet homme ne s'était pas contenté de se croiser les bras. Il a essayé diverses « méthodes » pour résoudre à la fois le problème d'équitation (se faire désarçonner) et le problème au sol (se faire mordre). Certaines de ces méthodes ont partiellement réussi à court terme. Mais à long terme la solution n'a jamais été trouvée, car le propriétaire n'arrivait pas à comprendre pourquoi et comment *lui-même* entretenait de façon régulière et définitive le comportement non souhaité de son cheval. Il faut savoir aussi que l'apprentissage instrumental ne peut pas résoudre un problème ciblé *sans* l'octroi d'une récompense, dont il faut trouver la nature particulière. On peut alors comprendre *pourquoi* une méthode ou un procédé ne fonctionne pas. Cela évitera certaines erreurs à l'avenir.

Ici, le comportement non souhaité du cheval a été récompensé et donc intensifié par le comportement de la cavalière. C'est le début du cercle vicieux.

Même cet avertissement ou ce geste de repousser la tête du cheval ne peuvent aboutir au résultat escompté à long terme, parce qu'ils ont valeur d'attention et donc de récompense.

Contact social : récompenses et punitions

Le contact social est une importante ressource de survie chez les animaux sociaux que sont les chevaux. Il n'a pas seulement une qualité de renforcement mais a très souvent aussi une fonction de renforcement (et parfois plus souvent qu'on ne le désirerait). Toute forme d'attention a valeur de contact social. Et cela n'est pas limité aux moments où vous touchez votre cheval et où vous lui adressez une récompense verbale.

En théorie, chaque petit regard que vous adressez à votre cheval ou chaque fois que vous vous tournez vers lui sont déjà des moments de récompense... et le comportement qu'aura votre cheval à ce moment-là sera renforcé, car récompensé.

Il existe de nombreuses situations où l'homme renforce sans le vouloir certains comportements. Il peut s'agir, du point de vue humain, d'une erreur de comportement. Il est important d'apprendre à bien annoncer la réussite d'un comportement. Si un comportement n'aboutit pas à la réussite escomptée du point de vue de l'optimisation des aptitudes individuelles, il n'est qu'une perte d'énergie et ne risque pas d'être reproduit à l'avenir. Aussi devons-nous nous placer du point de vue du cheval et de son système de valeurs pour évaluer une « réussite ». Le problème le plus fréquent est quand l'homme cherche à punir le cheval (pour atténuer un comportement indésirable) et aboutit à l'effet inverse : le cheval interprète la punition comme une récompense (car il a reçu de l'attention de la part de l'homme) et renforce donc le comportement en question.

Pour résumer, il faut savoir que toute forme active de punition prise à l'encontre du cheval représente une forme d'attention et donc de contact social. Le cheval choisit selon son système de valeurs s'il se sent « puni » ou « récompensé » par une remontrance ou un geste désagréable. Dans certaines circonstances, le cheval va trouver désagréable de se faire gronder, de sentir la pression du mors ou le coup de cravache. Mais s'il a le choix entre « une absence d'attention » et « une attention un peu désagréable », il choisira la seconde option. Les êtres humains agissent aussi de la sorte : quand le réveil sonne à cinq heures du matin, cela peut signifier quelque chose de positif. C'est peut-être jour de paie ou alors vous avez la perspective d'un rendez-vous qui vous apportera de la joie. Naturellement, une punition (éventuellement sévère) provoque toujours au départ une réaction chez le cheval : un mouvement de recul ou un arrêt momentané du comportement indésirable. Mais ici, il ne faut pas confondre « réaction » et « apprentissage réussi ». La réussite d'une action éducative, entre autres une punition, doit se traduire par un changement dans le comportement du cheval. Si au bout de quelques semaines ou quelques mois, votre cheval réagit toujours de la même façon non désirée à vos tapes sur le nez ou à vos « Ne fais pas ça ! », c'est que vous n'êtes pas sur la bonne voie et que vous devez trouver une autre solution. Il faut savoir changer de tactique. Mais, en général, l'homme répugne à agir ainsi. Il ne veut pas admettre qu'il se trompe et interprétera le changement de tactique comme un échec de sa part. La stratégie qui consiste à ignorer un comportement est souvent peu exploitée. Peu de gens comprennent qu'ignorer peut aussi être une action. Beaucoup croient que le fait de ne RIEN faire c'est céder passivement au cheval. Ils estiment que dans ce cas de figure « c'est le cheval qui gagne ».

Dans la résolution des problèmes d'apprentissage tels que l'habitude de mordiller ou de mordre, il n'y a ni victoire ni défaite, pas plus que dans l'apprentissage en général. Quand l'homme et le cheval veulent aboutir à des relations durables dépourvues de stress, les deux sont vainqueurs.

Ignorer pour punir

Ignorer signifie :
- ne pas regarder,
- ne pas toucher,
- ne pas parler,
et tout cela en l'espace d'une seconde.

Dès que vous repoussez votre cheval ou lui dites NON, vous ne l'ignorez pas, mais au contraire vous le récompensez.

Quand vous réussissez à éliminer un comportement indésirable à la suite d'un apprentissage, il y a deux vainqueurs.

À chaque fois que l'un des deux perd, l'autre perd aussi et le problème n'est pas résolu. Si un cheval mord la personne qui le brosse parce qu'il ne veut pas de ce contact, la personne quittera sûrement le box par mesure de sécurité. Il y a alors, pendant une courte période, un vainqueur et un perdant. Si la personne revient, avec une corde ou accompagnée d'une autre personne, la chose se répétera, avec production de stress.

Décider d'ignorer un comportement problématique du cheval n'équivaut ni à de la passivité ni à une défaite. En agissant ainsi, vous envoyez un signal fort, du moment que vous continuez à procéder de façon logique, comme dans l'exemple d'un mordillement non désiré, qui a été décrit plus haut. Vous avez le contrôle de la situation, ainsi que du moment et du lieu où le cheval obtiendra les ressources dont il a besoin.

Il existe une autre raison pour laquelle les gens s'accrochent aux punitions comme manière de réagir à un comportement indésirable. Cette raison a pour fondement la biologie de l'apprentissage. Les comportements récompensés sont plus fréquents, et la réaction du cheval, par exemple l'arrêt momentané du comportement indésirable, est interprétée comme une récompense pour l'homme (« la punition a marché »).

1. La plupart des chevaux ont un léger mouvement de recul quand on lève la main devant eux.

2. Pour savoir si l'apprentissage a réussi, il suffit de se retourner. Ici, c'est un échec. Il va falloir recommencer l'exercice.

L'art de la répétition

Comme nous l'avons déjà évoqué, les gens se font souvent
de fausses idées sur le degré d'intensité d'un apprentissage. Les exercices doivent être souvent répétés. Faire un
exercice une seule fois (ou deux ou trois...) ne sert stricte-
ment à rien. Comme tous les autres animaux, les chevaux
désapprennent vite.

Si un acquis n'est pas utilisé pendant longtemps, il s'oublie. Dans tout apprentissage, il ne sert à rien de faire les
choses une seule fois. Souvenez-vous de votre enfance et
de vos apprentissages scolaires. Prenons un exemple
concret. Les mots d'une langue étrangère doivent être
répétés de nombreuses fois et associés selon diverses
combinaisons pour qu'ils entrent durablement dans la
mémoire et puissent être bien utilisés.

Il n'en va pas autrement pour les chevaux. Un signal
donné associé à un comportement précis dans une situation particulière (dans un manège, par exemple) ne fonctionnera par la suite que dans cette même situation. Les
chevaux apprennent en fonction du contexte (comme tous
les animaux). Si un comportement doit répondre à un
signal précis partout et en toutes circonstances, les exercices d'apprentissage doivent se faire dans différents lieux
et un maximum de situations. Il faut parfois répéter plus
de mille fois un exercice. S'il n'est pas répété autant de
fois, l'objectif pédagogique ne sera pas atteint. Le cheval
ne peut en être tenu pour responsable.

Fondamentalement, il ne faut pas interpréter un comportement indésirable ou la désobéissance comme de la
« méchanceté » ou comme de la « mauvaise volonté » mais
comme une information indiquant que quelque chose ne
s'est pas bien passé dans le cadre de l'apprentissage. Si
l'on part de ce principe et qu'on réfléchit concrètement à
la cause de l'erreur, on aboutira sur la durée à une relation
épanouie avec le cheval.

Les chevaux apprennent en
fonction du contexte. Si la cavalière ne s'entraîne à monter qu'à
cet endroit, elle ne pourra à la
longue n'utiliser le tabouret que
là.

Apprentissage et simultanéité

Il a déjà été dit que le laps de temps pendant lequel le signal, le comportement et le renforcement sont associés doit être très court pour qu'un exercice puisse être appris. Pour certaines espèces animales, on sait que plusieurs répétitions du « signal-comportement-renforcement » peuvent se faire avec un allongement du temps d'association sans qu'il y ait déperdition dans l'apprentissage. Il s'agit en fait du ralentissement du renforcement. On ne sait pas exactement quel est le procédé en jeu. Il se pourrait qu'au-delà d'un certain taux de répétitions dans l'entraînement, le signal du renforcement s'associe quasiment au signal de déclenchement (ordre) sous forme de conditionnement classique. Ainsi, l'ordre peut acquérir lui-même une qualité de renforcement, ou alors un phénomène d'attente se met en place (« Le renforcement est à égalité »), si bien que le comportement associé acquiert une qualité de récompense en soi. Chez les chiens, les pigeons et les rats, on a observé de tels phénomènes et les expériences menées ont montré qu'ils jouent également un rôle ici. Chez les pigeons, on a, par exemple, observé qu'une récompense différée de huit minutes avait encore de l'effet. Pour les chevaux, on a mené récemment en Australie un projet d'étude avec de telles méthodes. Les conclusions sont qu'un échec à l'entraînement ne se produit que s'il y a retardement de plus de dix secondes du renforcement. Il semblerait que chez les chevaux l'allongement du temps d'association soit moins évident que chez d'autres espèces.

Des années d'entraînement réussi, avec des exercices sans cesse répétés : des renforcements comme les pressions avec les cuisses ou des parades sont devenus des signaux autonomes.

Le thème de la punition

Voici les conditions nécessaires pour qu'un cheval apprenne avec succès :

▸ Le signal donné et le comportement qui lui est associé doivent se produire quasi simultanément, avec simplement un décalage d'une seconde, ou deux au maximum.

- C'est au cours de ce laps de temps que doit intervenir le renforcement.
- Le signal et le renforcement doivent être suffisamment clairs pour être perçus par le cheval. Le renforcement utilisé doit avoir une fonction d'intensification pour la situation à ce moment précis. Une friandise peut alors être la bienvenue ; par contre, une punition sera inter- prétée par le cheval comme un signal contraire et bien sûr très négatif.
- Cette combinaison donne lieu à des milliers d'exercices répétés, où le signal sera toujours identique et l'associa- tion du signal et du renforcement utilisée en correspon- dance avec le comportement du cheval.

Il vous faut maintenant réfléchir précisément à chacun des comportements indésirables de votre cheval pour savoir si *tous les éléments* cités peuvent se produire *simulta- nément* afin de résoudre les problèmes.

Le cœur du problème est de travailler avec le cheval en utilisant des punitions actives. Nous avons déjà dit que dans la nature ni l'un ni l'autre ne peuvent fonctionner seuls : il est impossible de dresser un cheval avec unique- ment des renforcements positifs. On est obligé de lui présenter régulièrement des signaux négatifs, mais il faut savoir exactement quand et comment. Il faut également se demander quels signaux négatifs utiliser. Le fait d'ignorer (l'absence d'attention) est du point de vue de la biologie de l'apprentissage aussi efficace qu'un coup de cravache. Pour que cela fonctionne, il faut naturellement que l'atten- tion de l'entraîneur soit importante pour le cheval. Les conditions de la réussite de ce genre d'attitude sont décrites plus loin. Il faut savoir qu'ignorer n'est jamais facile.

1 Pour la plupart des cavaliers, il n'est pas facile de résoudre de façon détendue les petits problèmes de comportement de leur cheval.

2 Il est plus facile de tirer brus- quement sur les rênes. Mais ce genre de conflit peut éven- tuellement durer pendant toute la vie du cheval.

De nombreux propriétaires de chevaux recourent aux solutions de facilité : ils tirent sur les rênes ou utilisent la cravache. Et pour émettre un signal négatif net, le coup de cravache doit être si vigoureux que la composante positive de l'attention (le cheval sait exactement d'où vient le coup) passe complètement au second plan. Là encore, mon expérience m'a permis de constater que la plupart des entraîneurs n'en ont pas conscience. Ils se contentent d'essayer de ne pas blesser l'animal, avec pour conséquence un renforcement du comportement indésirable. Il faut ici encore insister sur le fait que l'emploi correct d'un renforcement négatif, en particulier la punition corporelle, est une chose compliquée, à manier avec beaucoup de précautions. En raison des causes déjà évoquées, je ne suis pas partisane de ce type d'action, que le cheval peut interpréter comme de l'agression. Nous reviendrons sur cette problématique plus loin dans ce livre.

Une cavalière m'a un jour reproché que j'élevais trop la voix en m'adressant aux chevaux et que je bougeais plus que nécessaire. En fait, chaque cavalier ou propriétaire de cheval doit décider pour lui-même quel signal négatif (punition) il doit employer et avec quelle force.

En théorie, l'éducation discerne deux types de signaux fonctionnant aussi bien l'un que l'autre, mais dans la pratique les punitions occasionnent davantage d'erreurs que les renforcements positifs. Si on n'en tient pas compte, on peut facilement générer du stress chez l'animal et par conséquent lui nuire.

Pour l'utilisation des renforcements positifs, les mêmes conditions que celles mentionnées plus haut prévalent. Mais les erreurs d'entraînement ont des conséquences nettement moins visibles. Une récompense trop tardive peut évidemment entraîner un mauvais comportement (comme pour la punition), mais la plupart du temps elle n'aura pour conséquence qu'un report de l'objectif souhaité. De la même façon, le fait de ne pas remarquer un comportement désiré ou d'oublier une récompense vont ralentir l'apprentissage et non vous faire prendre une mauvaise direction. Contrairement à une mauvaise utilisation des signaux négatifs, vous ne risquez pas ici de nuire véritablement à l'animal.

Il est vrai que théoriquement on peut nuire à la santé d'un cheval si on le gave trop de friandises, mais il faut savoir, d'une part, qu'il existe d'autres types de récompenses et que, d'autre part, c'est vous qui contrôlez l'apprentissage et décidez de la fréquence et de la quantité des friandises.

Autre possibilité d'erreur : le cheval joue au loto

Même si la punition est sévère, du point de vue du cheval, on peut obtenir de lui le contraire de ce qu'on espérait. Supposons que votre cheval ait l'habitude de vous lécher et de vous flairer (allogrooming) et que vous souhaitiez que cela cesse. Vous avez décidé de procéder par renforcement négatif et vous administrez une tape vigoureuse sur son nez, moins d'une seconde après son comportement indésirable. C'est là qu'il faut veiller à une certaine logique. Si dans les mille ou deux mille situations suivantes, vous n'administrez pas la tape *à chaque fois moins d'une seconde après* que le cheval a commencé le grattage mutuel, vous

1 Si vous voulez faire reculer ou immobiliser un cheval par la pression et éventuellement le punir s'il n'obéit pas, vous devez être très attentif à votre langage corporel.

2 Le moment où vous administrez la punition doit être bien géré. Sinon, vous risquez d'apprendre de mauvaises choses à votre cheval et de le stresser. Il est préférable d'employer calmement le langage corporel ou un signal d'approbation. Les sources d'erreurs seront alors moins grandes.

Afin que le renforcement positif fonctionne...

▸ ... il faut que le cheval ne soit pas trop « gâté ». Si vous parlez sans cesse à votre cheval et que vous le comblez de caresses ou de friandises, ne vous étonnez pas qu'une simple friandise ou un petit mot de récompense pour un exercice ne suffise pas.

▸ ... ne vous attardez pas en donnant votre récompense, qu'il s'agisse d'une friandise ou d'une caresse. Il ne faut pas que ça occupe le cheval plus de deux secondes. L'information doit être courte et nette. Ne caressez jamais votre cheval pendant cinq minutes. Même chose pour la parole : un simple mot suffit.

risquez d'atteindre un objectif inverse de celui que vous désirez. Votre cheval ne s'attend pas forcément à une réaction négative pour son comportement car elle n'arrive pas toujours de façon systématique et conséquente. Un point primordial est que celle-ci se produise toujours au même moment et *à chaque fois* que le cheval entame un comportement indésirable. Peut-être que certaines fois vous ne réagissez pas tout de suite parce que vous n'êtes pas dans une position vous permettant de le faire, peut-être aussi que parfois vous ne réagissez pas du tout.

Si du point de vue du cheval, le grattage mutuel correspond à quelque chose d'important, il prendra en compte le fait que de temps en temps quelque chose de désagréable se produise mais aussi que parfois cela n'arrive pas.

Votre cheval peut être comparé à un joueur de loto. En achetant un bulletin de loto, personne n'a la certitude de gagner mais tout le monde a une chance de gagner. Les millions de joueurs jouent chaque semaine au loto tout en sachant que leur chance de gagner est infime. La biologie de l'apprentissage fonctionne ainsi dans nos cerveaux... un mammifère reste un mammifère.

Si vous voulez travailler sur un comportement particulier en utilisant un renforcement positif, vous devez par contre atteindre l'effet loto. Au début de l'apprentissage, récompensez régulièrement et généreusement le cheval. Il doit comprendre où se trouvent l'échec et la réussite, quel comportement sera récompensé et lequel peut être oublié car il n'entraîne rien d'agréable et constitue donc une perte inutile d'énergie.

Si vous atteignez un certain niveau dans l'apprentissage avec un certain degré de satisfaction mais qu'il n'y a plus d'amélioration malgré les récompenses répétées, vous devez arrêter de dispenser celles-ci régulièrement et commencer à varier leur attribution. Utilisez le renforcement de telle sorte que le cheval ne puisse pas le prévoir.

LE CHEVAL APPREND SON NOM

▸ Placez-vous près de votre cheval, légèrement sur le côté, et prononcez son nom.

▸ S'il le connaît déjà, il vous regardera aussitôt. S'il ne le connaît pas encore, prononcez-le de façon qu'il se tourne vers vous par curiosité. Choisissez un endroit où son regard ne risque pas d'être attiré vers autre chose. Il ne doit y avoir que vous et votre cheval.

▸ C'est au moment où le cheval se tourne vers vous que doit arriver le renforcement positif : un mot de compliment signifiant que « les vraies ressources sont pour bientôt », puis, tout de suite après, donnez-lui une friandise ou une brève caresse sur l'encolure, signe d'une véritable ressource pour lui.

▸ Attendez que le cheval détourne la tête puis recommencez l'exercice. Répétez-le plusieurs fois pendant quelques jours. Augmentez la distance vous séparant du cheval et variez les directions, jusqu'à ce que l'animal reconnaisse parfaitement son nom. N'oubliez pas que l'apprentissage doit se dissocier du contexte et pratiquez l'exercice dans différents endroits.

1 Apprentissage du nom et/ou approche

2 L'attention se porte sur la friandise et le nom. Quand le cheval tourne la tête, il faut qu'il y ait approbation de votre part pour qu'il apprenne à réagir à son nom.

3 Une fois que l'exercice est déjà bien assimilé, reculez de quelques pas après les mots de félicitation et invitez le cheval à vous suivre. Si le cheval répond au signal « Approche », il doit être récompensé (« félicitation » + friandise).

Afin de décrocher le « gros lot », il restera à son plus haut niveau. Cela n'est pas facile à réaliser dans la pratique. Les êtres humains ont des rythmes bien définis et les chevaux sont d'excellents observateurs. Si l'on adopte le rythme le plus rapide, le cheval comprendra vite. Mais il va de soi qu'il convient de s'adapter à chaque animal et de choisir le bon rythme de renforcements. Lors de cette phase de l'apprentissage, il faut récompenser certains chevaux une fois sur trois pour un bon comportement, mais pour d'autres une fois sur huit suffit.

Savoir ignorer

Pour que l'action d'ignorer réussisse, il faut naturellement au départ que l'attention des êtres humains ait de l'importance pour le cheval. Cela a déjà été brièvement évoqué. Un cheval peu ou mal socialisé avec les hommes aura peur d'eux. L'action d'ignorer ne sera alors que rarement un signal fort. Un cheval qui a peur et qui se comporte en conséquence (fuite ou agressivité) mais qui réussit un exercice quand son entraîneur a le dos tourné est renforcé dans son comportement et l'émotion qui lui est associée. Quand votre cheval a peur et que de cette peur naît un comportement indésirable, il faut trouver une autre manière d'aborder le problème. Nous y reviendrons plus précisément dans le dernier chapitre.

Nous parlons ici de chevaux qui considèrent les hommes comme des partenaires sociaux et qui se comportent avec eux sans crainte (dans notre exemple, ils n'ont que cette navrante habitude du grattage mutuel).

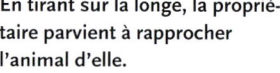

En tirant sur la longe, la propriétaire parvient à rapprocher l'animal d'elle.

Nous ne pouvons pas devenir le centre d'intérêt unique d'un cheval. Cela est possible pour un chien, qui vit en permanence au contact de son maître, mais pas pour un

LE CHEVAL RÉPOND AU SIGNAL ET IL VIENT

- La situation la plus propice pour lui apprendre à venir vers vous est quand le cheval se dirige déjà vers vous. Les choses qui se passent au même moment dans son cerveau sont alors reliées. Pendant que le cheval vient vers vous, prononcez le signal (VIENS, ou tout autre chose).
- Quand le cheval est près de vous, récompensez-le. Au début, ne choisissez pas un parcours trop long. Le cheval pourrait changer d'avis à mi-chemin.
- Forcez le cheval à venir vers vous. Sans rien dire, tenez la friandise dans la main, afin que votre cheval sache qu'elle est là et éloignez-vous éventuellement de quelques pas.
- Au début, il vaut mieux se tenir de préférence sur le côté du cheval. Le contact frontal risquerait de ne pas le faire venir vers vous car il peut être perçu comme une marque d'affront, voir d'agressivité. En adoptant cette position sur le côté, on obtient un rapprochement de presque tous les chevaux.
- Il suffit maintenant de répéter l'exercice à de nombreux endroits et à des distances différentes.

En ne tirant pas sur la longe et en reculant, on peut attirer le cheval.

Mauvais signal

Il est risqué de produire trop souvent le signal « Viens ! » à un animal qui est immobile et ce avant que le cheval l'ait parfaitement intégré. Beaucoup croient qu'il suffit de le répéter plusieurs fois pour que le cheval obtempère et vienne vers vous, mais cela risque de nuire à la perception du signal. Ce dernier peut être associé à « Reste-là et attends » ou « Éloigne-toi des gens ».

cheval. Vous pouvez toutefois vous rendre essentiel aux yeux du cheval. Offrez-lui un contact social (caresses et paroles), des friandises et la possibilité de découvrir avec lui l'environnement par le biais de promenades. Pour un cheval qui reste dans son box toute la journée, il faut faire cela plusieurs fois par jour. Si le cheval est dans un enclos, l'objectif est le même mais le plus souvent il faudra y consacrer plus de temps, notamment si votre cheval possède un « bon copain » dans l'enclos. Mon expérience m'a appris qu'on pouvait très bien éduquer un cheval ayant des relations amicales avec un autre cheval.

Le mieux est de pratiquer régulièrement des petits exercices. Il ne s'agit pas d'offrir simplement un contact social ou des friandises mais de laisser le cheval agir de façon ludique pour les obtenir. Je recommande principalement des exercices d'attention, par exemple l'apprentissage du nom ou l'approche à la suite d'un signal vocal.

La frustration

Dans le cadre des problèmes d'éducation et d'élevage, il faut aborder le thème de la frustration. La frustration apparaît quand on veut obtenir quelque chose et qu'on n'y parvient pas, quand l'attente est déçue, quand il y a impossibilité de produire un comportement déterminé. Quand le grattage mutuel entre le cheval et l'homme est un rituel très ancré, le cheval éprouvera de la frustration si ce comportement n'est pas possible. Dans l'esprit du cheval, il est prévu que vous jouiez un rôle précis : vous le laissez vous mordiller brièvement puis vous réagissez avec un peu d'agressivité (admonestation pour attirer l'attention et/ou petite tape sur le nez), puis, après un certain temps, il se met à nouveau à vous mordiller jusqu'à ce que vous redeveniez agressif, puis...

C'est le moment de sortir du rang, c'est-à-dire de ne pas jouer votre rôle habituel jusqu'au bout. Détournez-vous et

ignorez le comportement du cheval. L'attente du cheval ne
sera pas comblée et de là naîtra la frustration. Il s'agit
d'un moment critique au cours d'un apprentissage, qui
arrive malheureusement trop souvent. De façon typique,
la frustration aboutit à intensifier le comportement indésirable. Comme ce comportement a bien fonctionné par le
passé, le cheval ne voit pas de raison qu'il cesse et l'intensifie en conséquence. Il se peut donc que pendant un
certain temps il redouble d'efforts pour produire le
comportement indésirable. Vous devez subir cette phase
avec patience. Si vous commettez une erreur à ce
moment-là, vous entrez automatiquement dans une phase
de renforcement variable, qui aggravera le problème
plutôt que de le résoudre. Il faut réussir à sortir de la
phase d'aggravation. Une fois qu'elle est dépassée, les
progrès seront rapides.

L'intensité et la durée de la phase d'aggravation dépendent
du degré de tolérance du cheval à la frustration. Si votre
cheval n'est pas très tolérant à la frustration, il produira un
stress très visible. La différence entre « angoisse », « frustration » et « stress » est d'ordre sémantique. L'homme a
choisi ces termes pour mieux décrire et définir les

Visiblement, ce cheval apprécie
le contact humain.

comportements observés. Dans le cerveau et le corps, ces
trois concepts ont des processus presque identiques. Sur
le plan purement physiologique (= processus physiques),
il est quasiment impossible de séparer l'angoisse du stress
ou de la frustration.

Si au cours de l'exercice consistant à faire disparaître le
mordillement, vous voyez que votre cheval est stressé,
vous devez adoucir vos réactions. Dans le cadre de l'apprentissage, une réaction moyennement ou fortement
prononcée de stress doit toujours être évitée. Le stress
empêche d'apprendre : d'importants processus cérébraux
concernant la mémoire à long terme sont ralentis, voire
bloqués. Arrêtez l'exercice et demandez-vous quelle est la

chose la plus négative ressentie par votre cheval. Pour certains chevaux, il s'agit du fait qu'ils continuent à voir la personne alors que celle-ci leur dénie toute attention. Dans ce cas, disparaissez complètement de la vue du cheval et ne vous approchez à nouveau que s'il produit le comportement souhaité. Pour cela, vous aurez peut-être besoin d'être aidé par quelqu'un qui pourra observer le cheval et vous fera un signal au moment où vous pourrez vous approcher de nouveau. Pour d'autres chevaux, vous devrez éventuellement adopter une démarche inverse. Après avoir ignoré le comportement du cheval, ne vous retournez pas mais reculez d'un pas pour vous placer derrière la tête de l'animal. Chez d'autres chevaux encore, il faut rester immobile et se laisser mordiller (pensez à porter des vêtements épais), car tout autre type d'action échouera. Selon les réactions du cheval, vous déciderez de la façon et du moment pour arrêter l'exercice.

1   Au cours de ce genre d'exercice, évitez d'agir avec empressement et vivacité pour ne pas avoir à engendrer de blocage trop important. Le cheval pourrait éventuellement associer certains aspects négatifs avec l'exercice en lui-même et vous auriez à passer ensuite par une phase de « désapprentissage ».

2   Lors de ce genre d'exercice, on court toujours le risque d'être confronté à un comportement agressif de la part du cheval.

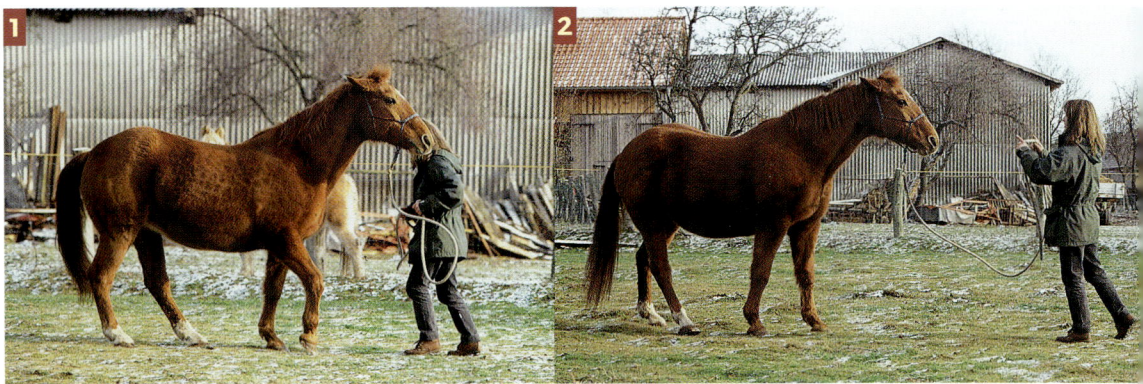

COMPORTEMENTS AGRESSIFS ET COMMUNICATION SOCIALE

Les déclencheurs d'agressivité

Dans toutes les situations où la frustration, l'angoisse ou le stress apparaissent, il existe un risque évident que le cheval puisse réagir avec agressivité. En fait, la frustration, l'angoisse et le stress sont les principaux déclencheurs d'agressivité chez toutes les espèces animales, y compris chez l'homme.

Comment avez-vous réagi la dernière fois où vous avez eu une grosse contrariété ? Vous êtes-vous montré irritable ? Quelqu'un a-t-il dit que vous vous étiez levé du pied gauche ce jour-là ?

Dans le cas du grattage mutuel indésirable, les chevaux peuvent réagir de façon agressive dans le cadre de l'apprentissage. Le risque théorique existe. Quant à savoir s'il peut occasionner un danger véritable, cela dépend de nombreux facteurs. Le niveau de stress et la prédisposition générale à l'agressivité jouent un rôle, tout comme la forme dont jouit le cheval à ce moment-là, les autres facteurs de stress et les expériences précédentes de comportement agressif.

Pour ce qui est des « expériences précédentes de comportement agressif », le type de relation que vous entretenez avec votre cheval compte beaucoup. Si l'agressivité en fait partie, il y a de grands risques pour que votre cheval réagisse de façon agressive en cas de stress. Cela engendre un système illogique de punitions. Il a déjà été dit que les jurons, les tapes et les rejets brutaux pouvaient être considérés comme agressifs par le cheval. Du point de vue de ce dernier, ces comportements deviennent le rapport normal entre lui et la personne qui s'occupe de lui, y compris en situation de stress. Il faut savoir que l'agressivité engendre l'agressivité. Il peut être logique que vous réagissiez

Le but de toute communication personnalisée est de régler les questions de coopération et de concurrence dans la vie sociale.

sèchement à un comportement violent du cheval, mais le cheval répondra aussi de façon agressive... et c'est le cercle vicieux, qui peut durer des années. Il faut savoir mettre un terme à ce genre de logique et agir avec raison. Et qui peut mieux le faire que « l'être doué de raison », autrement dit l'homme ?

Où commence l'agressivité ?

Quand on parle de comportement agressif chez les chevaux, il s'agit aussi bien de communication agressive (comportement menaçant) que de comportement violent (franchissement des distances personnelles avec risque de blessure). Bien sûr, les frontières ne sont jamais claire-ment définies. Un coup de pied peut très bien être un comportement véritablement violent, mais il peut aussi, selon la force avec laquelle il est donné, signaler une simple menace. Dans les ouvrages traitant du comporte-ment, on trouvera les différentes définitions de ces gestes et leur classification.

Le but de toute communication personnalisée est de régler les questions de coopération et de concurrence dans la vie sociale. Les chevaux d'un même groupe doivent coopérer pour que chacun ait les meilleures chances de survie.

Comme les membres d'un même groupe sont proches les uns des autres, les conflits sont inévitables. Ces conflits ont en général pour objet des ressources telles que les partenaires pour la reproduction, la nourriture ou les endroits abrités. Ils doivent être désamorcés grâce à des stratégies de communication.

Il se peut également que des conflits apparaissent avec des membres d'autres groupes, et là aussi il faut une communication bien au point entre les individus pour réduire les risques d'affrontement. Il arrive par exemple qu'un étalon tolère un autre étalon (en général plus jeune et souvent parent) dans le groupe pour qu'il assume des « tâches utilitaires ». Il aidera, par exemple, à surveiller les juments pour qu'elles restent groupées. En contrepartie, il aura peut-être le droit d'honorer une jument qui n'intéresse que moyennement l'étalon principal.

Stratégies de comportement

Les stratégies de communication suivent différentes voies, mais l'objectif principal reste toujours la protection d'un ou de plusieurs membres du groupe.

Un aspect important de la communication est de donner des informations brèves sur soi-même : sur ses sensations, ses sentiments, ses intentions (par exemple « C'est ma jument, éloigne-toi » ou « Cette nourriture est à moi ») et de demander le même type d'information à l'interlocuteur. Ce dernier répondra peut-être simplement : « C'est bon, je ne m'intéresse pas à cette jument/à ce tas de foin. » S'il dit autre chose et qu'il n'y a pas volonté de renoncer à la ressource en question, un autre type de communication est utilisé.

Il est possible dans ce cas de signifier, par exemple, l'urgence de ce foin, pour ne pas mourir de faim. Il est possible aussi de tromper le partenaire en faisant semblant de ne pas s'intéresser à la jument ou au foin,

Dans la communication, certaines informations sont transmises et d'autres demandées.

puis en y revenant dès qu'il se sera éloigné. Reste aussi, naturellement, la possibilité d'en imposer face au partenaire de communication pour lui dire qu'il n'aurait aucune chance dans le combat qui éventuellement suivrait. Il s'agit alors d'intimidation. Si jamais le partenaire agit de la même manière et veut lui aussi en imposer, la stratégie devra à nouveau être changée. S'il est plus fort que le cheval qui a signifié le premier son envie du foin ou de la jument, ce dernier générera de l'angoisse et devra décider s'il manifeste ou non sa peur. Cela peut avoir ses avantages et ses inconvénients. L'avantage peut être que l'autre (celui qui défend sa jument ou son tas de foin) se détende et ne montre plus beaucoup d'intérêt à défendre la ressource convoitée. L'inconvénient peut être qu'il accentue sa menace pour chasser l'autre.

La stratégie suivante serait la fuite ou une démonstration de force pour calmer l'autre, ou encore une tentative pour le tromper. Reste bien sûr comme stratégie possible le combat réel avec des comportements agressifs comme les morsures. C'est cependant assez rare. Les chevaux ont donc à leur disposition toute une panoplie de possibilités pour communiquer en cas de conflit. Le calcul des dépenses et des bénéfices joue évidemment alors un grand rôle.

Ces quatre stratégies en cas de danger (donc en cas d'angoisse, de stress, de menace sur les ressources) se sont développées de façon universelle au cours de l'évolution. Les différentes espèces animales les ont adoptées en en privilégiant certains aspects. L'immobilisation fait, par exemple, partie de la stratégie de survie des lapins. Dans les premiers jours de sa vie, un poulain préférera aussi « disparaître », en restant le plus figé possible dans les hautes herbes, en cas de danger plutôt que de fuir, contrairement aux chevaux adultes. Certaines variétés de poissons, comme les épinoches par exemple, attaquent directement en voyant un partenaire sexuel mâle plutôt que de

Comportement agressif

Le comportement agressif consiste à établir une distance spatiale et/ou temporelle en réponse à une menace ou un conflit, l'objectif étant d'optimiser sa condition physique.

LES « 4 F » OU LES RÉACTIONS POSSIBLES DU CHEVAL

Ces quatre stratégies ont d'abord été fixées en anglais et désignées sous le nom des « 4 F ». Elles correspondent à des réponses possibles en cas de conflit (une menace, un état de stress ou de frustration). Quand on éprouve de la peur ou du stress devant quelque chose, on peut choisir :

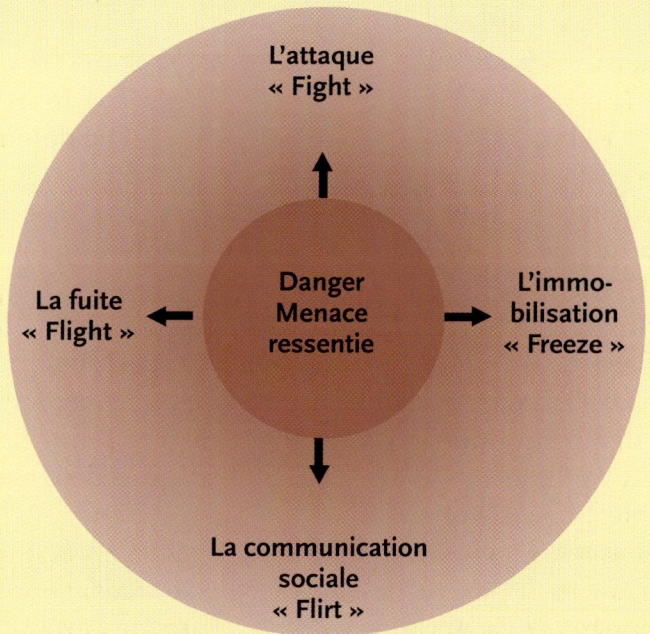

1. Fuir en espérant que l'autre soit moins rapide (en anglais : *flight*).
2. S'immobiliser en espérant que l'autre ne vous remarque pas (en anglais : *freeze*)
3. Attaquer en espérant que l'autre soit plus faible (en anglais : *fight*)
4. Essayer de communiquer avec l'autre pour éviter le combat (en anglais : *flirt*)

1   S'imposer comme élément de communication sociale, pour résoudre un conflit. Cela peut se passer entre étalons ou entre juments.

2   Du point de vue du cheval qui bâille, le signal de soumission précédent n'a pas suffi à désamorcer le conflit (franchissement de la distance par le cheval au statut plus élevé). Il s'agit maintenant d'éliminer le stress.

« flirter » comme elles le feraient s'il y avait une visite de femmes sur leur territoire.

À l'intérieur d'un groupe, la communication sociale est pour le cheval la façon la plus habituelle de réagir en cas de conflit, à condition que les membres du groupe la maîtrisent. Dans le monde anglo-saxon, on emploie pour désigner cette réalité l'expression de « comportement agonistique » (ou combativité). Tout ce qui est agonistique consiste à établir une distance spatiale et/ou temporelle : la menace doit globalement cesser, c'est-à-dire qu'elle doit laisser la place à l'indifférence ou simplement servir à atténuer le conflit.

Ces 4 F ne sont cependant que des catégories générales assez brutes et non des affirmations aux limites bien établies du genre « ou... ou... ». Un cheval qui réagit instantanément à une menace en cherchant à résoudre le conflit par la domination ou la soumission choisira au bout d'une trentaine de secondes la fuite ou l'attaque quand il s'apercevra que le « flirt » ne produit pas le résultat escompté. Le cheval peut également passer plusieurs fois d'une variante à l'autre quand il estime que la situation le requiert car le problème ne se résout pas. Avec le temps, une créature vivante peut naturellement apprendre quelles stratégies apportent le plus d'avantages dans certaines situations.

À la longue, le cheval donnera toujours la préférence à telle variante de comportement dans une situation donnée avant d'en essayer d'autres. Certaines personnes trouvent parfois cette attitude désagréable.

D'après mon expérience, l'agressivité de type pathologique (= véritable trouble du comportement) est rare chez le cheval. Elle peut se produire mais en général les problèmes d'agressivité sont le résultat d'une histoire. Dans cette histoire, les facteurs déjà évoqués tels que l'ex-citabilité, la tolérance au stress et à la frustration, ainsi que la prédisposition générale à la peur et à l'agressivité, jouent un rôle important. L'inné comme l'acquis ont leur part dans le processus. Comme l'a dit Niko Tinbergen : « Le comportement est à 100 % inné et à 100 % acquis. »

Autre stratégie en cas de conflit : la communication agressive, autrement dit le comportement menaçant

L'environnement influence beaucoup le comportement de toute créature vivante et cela dès la naissance (et dans une certaine mesure déjà dans le ventre maternel), mais chaque influence ne peut s'exercer qu'à partir d'une base génétique propre à l'animal. Séparer l'une de l'autre est impossible. Dire, par exemple, d'un cheval à un moment donné de sa vie que « 40 % de son comportement est inné et 60 % acquis » est inconcevable.

D'un autre côté, les prédispositions génétiques pour certaines tendances de comportement sont connues chez le cheval. Dans le cas des chats, nous savons que les gènes du père jouent un rôle important dans la propension à l'agressivité. Pour les chiens, on a longuement étudié la transmission de la propension à la peur à l'intérieur d'une même race. Quant à la recherche de « gènes agressifs » et de « gènes non agressifs », elle reste pour l'instant sans succès. L'origine des différents « types de tempéraments » de chevaux (sang froid, sang chaud, etc.) est génétique.

NAISSANCE DES PROBLÈMES

Le cheval peut se sentir menacé par le comportement d'un être humain et peut chercher à optimiser la situation donnée par un schéma de comportement adapté.

Si le cheval est bien socialisé et habitué aux hommes, il essaiera de résoudre le problème de la menace par le biais de la communication sociale.

Si l'homme n'y prête pas attention et ne réagit pas de façon adéquate, il risque de faire naître un problème. S'il y a erreur de communication, le cheval réagira sèchement, et aura éventuellement un comportement menaçant. C'est souvent à ce moment-là, c'est-à-dire trop tard, que l'homme réagit. La menace est toujours plus significative que la soumission et son effet est plus désagréable. Souvent, l'homme recule de quelques centimètres et réagit avec vivacité. Le cheval interprète ce comportement comme une victoire par rapport à son propre comportement, qu'il va donc réitérer de façon encore plus intense.

Agir sur la tolérance à la frustration

Quand un cheval a un niveau bas de tolérance au stress et à la frustration, le risque de problèmes est plus élevé. Cela peut se traduire par des problèmes d'agressivité mais aussi des comportements trahissant un manque précoce d'assurance (comme donner des coups de tête, par exemple). Ces troubles comportementaux seront expliqués plus en détail ultérieurement.

Pour l'instant, nous allons présenter les différentes mesures d'éducation permettant d'augmenter le niveau de tolérance d'un cheval. Naturellement, elles fonctionneront moins bien si le cheval a de façon innée des problèmes à gérer la frustration.

À l'état sauvage, la tolérance à la frustration est nécessairement liée à l'environnement. L'environnement pose des frontières face auxquelles l'animal doit apprendre à réagir. Plus il sera efficace pour trouver des possibilités de solution à l'optimisation de sa condition physique, et ce

Chez un poulain d'un certain âge, on peut provoquer de la frustration en le retirant de la mamelle de sa mère à l'aide d'une corde. Après l'avoir éloigné un peu de la mamelle, laissez-le à nouveau téter en guise de récompense. Pour cela, il est important que la mère soit détendue. Sinon, le poulain éprouvera du stress.

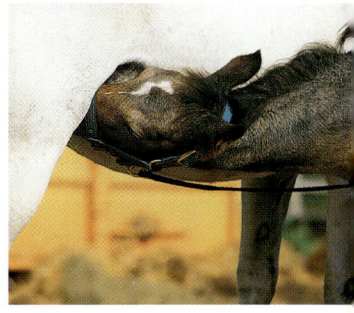

Le sevrage est une des premières grandes expériences frustrantes dans la vie du poulain.

malgré les frontières citées plus haut, meilleure sera sa tolérance à la frustration.

Pour les chevaux en élevage, le problème est trop souvent le même, à savoir que les bonnes et les mauvaises phases se succèdent sans qu'il y ait un temps intermédiaire pendant lequel ils peuvent essayer un schéma de comportement approprié.

La phase la plus importante pour exercer la tolérance à la frustration est le jeune âge (jusqu'à l'âge d'environ un an). Le fait de grandir au sein d'un groupe, l'apprentissage des règles et de la hiérarchie, ainsi que l'exercice de la vie sociale, constituent une expérience bénéfique. Si les possibilités sont réduites (pas de groupe du tout ou groupe trop petit) ou si le poulain est surmené (groupe trop grand ou espace trop restreint), la tolérance au stress et à la frustra-

Ici, un poulain fixe une frontière à l'autre poulain : « Halte-là, c'est ma sacoche ! » Ce genre de petit conflit est nécessaire entre poulains, car ils apprennent ainsi à gérer la tolérance aux frontières et les compétences sociales.

tion s'exercera moins bien. La phase suivante, capitale elle aussi, est le sevrage. Dans la nature, il se fait petit à petit. Le poulain a dès lors largement le temps de s'y habituer. Mais s'il est brutalement séparé de sa mère par l'homme, il n'aura pas la possibilité de résoudre graduellement le problème qui se pose à lui.

Certains comportements stéréotypés ont été particulièrement étudiés. Il existe un lien entre leur apparition et la façon dont le cheval a été sevré quand il était poulain. Mais comment influe-t-on la tolérance à la frustration ? En théorie, c'est très simple : on crée une situation où apparaît la frustration et on laisse au cheval la possibilité de trouver sa propre solution. Pensez d'abord aux choses et aux situations qu'apprécie votre cheval puis aux moyens pratiques de le priver de ces choses ou situations. S'il s'agit de carottes, ce sera très simple. S'il s'agit d'un compagnon, ce sera peut-être moins évident à réaliser du point de vue technique.

Exercice : Un cheval apprend la tolérance à la frustration

Dans le cas d'un cheval qui aime les friandises, suivez les étapes décrites ci-après :

1. Votre cheval ne doit pas chercher à réussir tout seul, de façon indépendante, c'est à vous de l'y amener. Sous l'effet du stress, il ne doit ni se mettre en danger ni mettre en danger la personne qui s'occupe de lui. Pour cet apprentissage, le cheval doit être attaché, c'est plus prudent. La clôture de l'enclos vous séparera de lui. S'il est dans son box, placez-vous à l'extérieur du box. D'autre part, il ne faut pas qu'il y ait à ce moment-là d'autres chevaux à proximité.

2. Présentez la friandise au cheval et retirez-la calmement sans dire un mot au moment où le cheval s'apprête à la prendre. Retirez la main de telle sorte que le cheval ne puisse pas l'atteindre et attendez. Observez alors la

réaction de l'animal. Fait-il un long cou ? S'agite-t-il ?
Trépigne-t-il ?

3. Déterminez le comportement pour lequel vous
souhaitez récompenser votre cheval, par exemple s'il se
tient immobile ou s'il regarde droit devant lui. Peut-être
remarquerez-vous que son comportement est proche
du grattage mutuel. Quand le cheval produit finalement
le comportement voulu, donnez-lui la friandise et le jeu
peut recommencer dès le début. Comme dans
l'exemple du grattage mutuel, vous devez réagir très
rapidement (1 à 2 secondes).

4. Si le cheval est nerveux, la possibilité d'une récompense rapide pour un comportement souhaité se réduit.
Dans ce cas, ne retirez pas seulement la main mais
reculez de façon nette. Le cheval n'aura plus personne à
qui adresser son comportement nerveux. S'énerver
devient alors pour lui une dépense d'énergie inutile.
Observez-le du coin de l'œil et approchez-vous à

nouveau avec la friandise s'il produit un comportement souhaité (retour au calme).

5. Si l'exercice fonctionne bien, vous pouvez renoncer aux mesures de sécurité et le pratiquer librement. Posez, par exemple, un seau plein de nourriture sur le sol et placez-vous de telle sorte qu'il ne puisse pas l'atteindre. Ne libérez l'accès au seau que lorsqu'il aura produit le comportement souhaité.

De nombreux propriétaires de chevaux rechignent à donner des friandises parce qu'ils craignent que l'animal devienne un « fouilleur de poches ».
Si une telle attitude se produit, la faute en incombe bien sûr à l'éleveur. C'est pourquoi il est possible d'utiliser cette situation en tant qu'exercice pour la tolérance à la frustration (ce qui permettra aussi d'éliminer éventuellement le problème de la « fouille de poches » ou d'éviter qu'il n'apparaisse).

La friandise restera quelque chose d'agréable pour le cheval mais elle ne sera plus une chose qui va de soi, car elle sera associée à une situation bien définie. Quand vous donnerez la friandise, elle sera la récompense d'un comportement concret du cheval : par exemple, s'immobiliser calmement et porter la tête en avant. Si ce comportement n'est pas produit, le cheval n'aura pas de nourriture. S'il essaie de fouiller vos poches, il vous suffit de reculer calmement sans dire un mot. Dans le cas d'un cheval qui a déjà profité d'un apprentissage réussi pour le déshabituer à la mendicité, il faut envisager pendant quelque temps un autre type d'exercice lui permettant de gérer davantage sa frustration. Pour cela, procédez de la façon suivante : en plus des exercices quotidiens pour gérer la tolérance à la frustration, allez plusieurs fois dans l'enclos ou le box et faites trois minutes d'exercice consistant à l'ignorer. Ayez près de vous ou sur vous de la nourriture ou une friandise. Il faut que votre cheval en ait conscience et se montre intéressé. Ignorez cet intérêt. Il faut que pendant trois minutes, il n'obtienne absolument aucune friandise. Déplacez-vous autour du box ou restez à côté sans bouger, puis quand le cheval se montre agacé, éloignez-vous calmement. Ce faisant, ne parlez pas. Tenez-vous-en à la règle de base : ignorer signifie « ne pas regarder, ne pas parler, ne pas réagir ». Ne faites pas cet exercice si le cheval se montre trop excité : le risque qu'il puisse vous blesser est alors trop grand. L'intention du cheval n'est pas alors de vous blesser mais son état d'excitation peut l'amener à le faire. Une fois que les trois minutes sont écoulées, reprenez votre attitude de départ et jugez si le cheval a un comportement vous permettant de le récompenser. Ce délai de trois minutes n'est pas à prendre au pied de la lettre. Chez certains animaux, le seuil de tolérance est de trente secondes, chez d'autres de cinq minutes.

CHEVAUX, HOMMES ET DOMINATION

Les groupes sociaux et leur hiérarchie

S'ils vivent hors de l'influence de l'homme, les chevaux forment des groupes de différentes tailles et compositions. Les plus petits groupes rassemblent un étalon, une jument et leurs poulains. Le groupe le plus classique regroupe un harem : un étalon, plusieurs juments et leurs poulains, qui se démarquent des autres groupes, et en particulier des autres étalons. Les juments qui appartiennent à ces structures familiales y restent souvent jusqu'à la fin de leur vie. Au bout d'une année, les jeunes peuvent éventuellement quitter le groupe. C'est plus le cas pour les jeunes étalons que pour les pouliches (qui « appartien-

À l'état sauvage, les groupes de chevaux constituent en général des familles.

dront » au vieil étalon) mais les jeunes pouliches peuvent aussi partir pour intégrer un autre harem. Dans ce cas, l'étalon principal du nouveau groupe les inclura de force mais c'est à elles que reviendra le choix de rester en permanence dans le groupe. Les étalons peuvent incorporer ce qu'on appelle des « groupes de jeunes ». Ces groupes peuvent être importants, mais ils se décomposent en fait en unités plus réduites. Le principe du « mâle dominant » est un mythe tenace quand on se représente ces groupes. Ce « principe de domination » est parfois exagéré par l'homme et quand ce dernier essaie de le convertir à son propre compte, il peut créer de sérieux problèmes chez le cheval. Pour éviter cela, il est important de connaître les structures hiérarchiques qui régissent la vie des chevaux.

Les structures hiérarchiques se sont développées au cours de l'évolution à partir de considérations purement pratiques : quand un groupe veut assurer la survie de chaque individu, il doit créer une structure de vie commune qui lui permette de le faire. Si devant un danger tous les membres du groupe s'enfuient dans des directions différentes, les risques sont multipliés. De même, quand il s'agit de trouver une nouvelle source de nourriture il est logique de suivre celui qui a la plus grande expérience.

1 Comportement typique de l'étalon. S'il y avait un autre étalon ou un cheval hongre à proximité, il s'ensuivrait une explication concernant les revendications territoriales. Si une jument était dans les parages, l'étalon n'hésiterait pas à l'approcher.

2 La grimace est pour certains une manière d'explorer la fonction de l'odorat, pour d'autres un comportement de domination. C'est le contexte qui donne son sens à cette attitude.

C'est un des devoirs des « chefs » que de choisir une direction pour rechercher les ressources ou de privilégier une direction pour fuir (tant qu'il n'y a pas de panique !) qui offrira les meilleures chances d'issue positive. La plupart du temps, ce sont les animaux les plus âgés qui ont le plus d'expérience en matière de prédateurs. Il est donc payant pour les autres membres du groupe de rester près d'eux et d'agir comme ils le font. Dans les groupes structurés, il existe plusieurs « chefs » selon les différents besoins.

Là aussi, la raison principale pour le développement de ces structures hiérarchiques est le renforcement de la condition physique biologique de chacun des membres du groupe. Celui qui a prouvé qu'il avait dans ses gènes le potentiel pour vivre longtemps et protéger sa descendance jusqu'à ce que celle-ci soit en âge de se reproduire, doit transmettre ses gènes le plus souvent possible. C'est pourquoi les animaux ayant le rang le plus élevé dans un groupe ont la priorité sur les ressources. Vu sous l'angle inverse, on peut également dire que celui qui s'octroie la priorité sur les ressources avec l'assentiment des autres est hiérarchiquement plus élevé qu'eux.

À l'intérieur du groupe, l'expérience du combat en tant que telle ne joue pas un grand rôle. La compétence sociale et la capacité à communiquer sont plus importantes. Comme il a déjà été dit, le groupe cherche au maximum à éviter le conflit pour réduire les risques de blessures. Des recherches de plusieurs années sur des groupes de chevaux vivant à l'état sauvage ou semi-sauvage ont montré que les explications musclées sont peu nombreuses tant que la composition du groupe reste la même (à cet égard, les poulains qui ont grandi au sein du groupe n'apportent pas de changements majeurs). Par contre, l'arrivée de nouveaux chevaux adultes modifie d'abord la hiérarchie établie, puis intensifie les interac-

UNE EXPÉRIENCE AVEC DES LAPINS EN AUSTRALIE

Dans les années 1970-80 a eu lieu en Australie une expérience inté-ressante avec des lapins. Trois couples de lapins avaient été lâchés sur un territoire clôturé, et où ne pouvait donc pénétrer personne, à l'exception des prédateurs venant du ciel. En tout cas, les lapins ne pouvaient pas en sortir et d'autres lapins ne pouvaient pas non plus y entrer.

Les lapins vivent en couple à l'intérieur d'une structure sociale peu réglementée, contrairement aux loups et aux chiens. Mais on peut tout de même parler de hiérarchie.

Dans le cadre de cette expérience, les lapins se sont multipliés et ont formé une colonie assez nombreuse. Il y eut de bonnes et de mauvaises années, selon l'offre en nourriture et la présence d'en-nemis. Les chercheurs ont observé scrupuleusement les animaux et pouvaient identifier tous les membres de la colonie, même quand elle atteignit la centaine de sujets.

Il était important pour cette recherche de pouvoir toujours savoir qui descendait de qui. Puis arrivèrent des années de sécheresse et 80 % des lapins périrent. Mais les 20 % qui survécurent provenaient des couples ayant le rang social le plus élevé.

tions agressives, jusqu'à la nécessité de créer une nouvelle structure hiérarchique.

Entre étalons, le conflit pour la ressource « partenaires de reproduction » est la plus intense. C'est là que se produi-sent les explications les plus violentes, allant jusqu'au véri-table combat. Aux périodes où les juments sont en chaleur, les combats sont particulièrement agressifs. En dehors de ces moments, les étalons règlent plutôt leurs conflits par une communication sociale plus subtile (comportements de domination). Une jument en chaleur est toujours une motivation majeure. Une jument qui ne l'est pas a une importance moindre. Les choix dans le cadre du calcul des dépenses et des bénéfices peuvent donc être différents selon les périodes. De toutes les façons, le risque de blessures est évité au maximum.

Il faut bien faire la différence entre le rang hiérarchique et les attitudes de domination. Quand un « chef de harem » remporte un combat l'opposant à un autre étalon pour la possession d'une jument, on peut parler d'une relation temporaire de domination-soumission. Mais cela n'implique pas une position hiérarchique, car le « voleur de jument » ne restera pas dans le groupe de l'étalon vainqueur. Une véritable structure hiérarchique ne peut se développer qu'à l'intérieur d'un groupe solidement établi, où tous les membres se connaissent et ont entre eux des relations sociales leur permettant de créer différents statuts. La vie en communauté est la condition pour que puisse apparaître une hiérarchie.

Entre juments, il peut aussi y avoir des conflits pour la ressource « étalon ». Ils sont moins marqués que chez les étalons, car la base de départ n'est pas la même. Ici, l'enjeu est la démarcation par rapport à un partenaire social que l'on connaît bien et avec lequel on est lié par un lien social fort et qui peut avoir les mêmes revendications que soi. Quand il y a conflit, il ne s'agit pas tant de la reproduction en tant que telle, car en règle générale

Il n'existe aucune raison pour qu'un cheval ait un statut supérieur à l'homme, car ce dernier contrôle la quasi-totalité des ressources.

l'étalon saillit toutes les juments de son groupe. Ce sont aussi les positions sociales des juments entre elles qui sont en jeu.

En général, la création de hiérarchie dans le monde animal est essentiellement associée à l'accès aux ressources. Celui ou celle qui a le rang le plus élevé a un accès quasi illimité aux ressources, tandis que les autres se servent après. Mais cela n'est pas valable dans 100 % des cas. Un animal de statut inférieur peut très bien lutter avec un animal de rang plus élevé pour l'obtention des ressources. Ces situations peuvent aboutir à un changement de la structure hiérarchique mais cela n'est pas souhaitable. Quand on observe un groupe de chevaux sur une longue période, on aboutit à une vue d'ensemble de la structure générale et on s'aperçoit toujours qu'à certains moments un animal de rang inférieur parvient à obtenir une ressource au détriment d'un animal de rang supérieur sans que cela remette en question la structure de base du groupe.

Comment présenter de façon générale la structure sociale d'un groupe de chevaux ? Autrefois, on décrivait ces structures en recourant à une approche linéaire allant du haut vers le bas, avec attribution de lettres grecques : « Alpha » était le chef, puis venaient successivement « Bêta », « Gamma », « Delta », jusqu'à finalement « Omega ». Mais les recherches de ces 10-20 dernières années ont mis à mal cette vision des choses. L'image d'une hiérarchie linéaire allant du haut vers le bas appartient au passé. Le cheval « Omega », par exemple, n'est en rien un souffre-douleur, il joue aussi un rôle dans la protection des autres membres du groupe (le mot-clé est ici la coopération). Une relation de domination est fondamentalement toujours quelque chose qui s'établit entre deux individus et non entre un individu et un groupe dans sa globalité. Cela signifie qu'Alpha possède une relation hiérarchique avec Bêta et une autre avec Gamma et Delta. De même, Bêta a à son tour des relations hiérarchiques spécifiques avec Alpha, Gamma ou Delta. Il ne faut pas en en tirer systématiquement une conclusion du genre : « Si Alpha > Bêta et Bêta > Gamma et Gamma > Delta, alors Bêta > Delta. » Il se peut très bien que Bêta entretienne le même type de relation avec Delta et Gamma, sans que les relations entre Delta et Gamma aient une quelconque influence. La hiérarchie ne s'établit pas non plus de la même façon à l'intérieur d'une même journée. Deux

1 Une relation domination-soumission ne se développe qu'entre deux individus. Un cheval ne peut être « dominant » dans l'absolu. L'étalon que l'on voit sur cette photo a réagi à un signal olfactif...

2 ... qui l'a amené à produire un comportement de domination. Ce phénomène a des degrés divers selon les chevaux : certains s'imposent plus et plus souvent que d'autres.

chevaux Alpha et Bêta peuvent entretenir le matin tel type de relation hiérarchique et l'après-midi un autre type de relation. Selon la situation, par exemple le fait que Gamma ou Delta soient présents ou non, Alpha et Bêta peuvent entretenir des relations différentes. L'offre en foin ou la présence d'un seul coin d'ombre dans un enclos peuvent également influer sur le rapport entre deux chevaux. Chaque cheval estime en fonction de sa vision du monde quelle est l'importance de la ressource et quel risque il veut bien prendre pour l'obtenir. Quand on observe un groupe de chevaux, on peut avoir une vue d'ensemble de la structure hiérarchique grâce à la somme de toutes les observations des relations entre chaque paire d'animaux et ce sur une durée déterminée (par exemple vingt-quatre heures). On peut ainsi attribuer à chaque cheval une position au sein du groupe.

On peut ainsi dire que la jument A est à hauteur de 85 % dominatrice (donc ayant la position sociale la plus élevée) dans l'ensemble de ses interactions avec les autres membres du groupe, tandis que la jument B l'est à 65 %... et ainsi de suite pour chaque membre du groupe. De toutes les interactions bipartites, il est possible de dire que la jument A est l'Alpha du groupe. Mais selon l'état actuel de la recherche, cela veut dire qu'à certains moments on peut observer la jument A en position de soumission par rapport à d'autres membres du groupe.

Le « rang » ou la « domination » ne peuvent pas être uniquement associés à l'envie ou à l'humeur, pas plus qu'ils sont donnés à la naissance comme la couleur de la robe. Les attributs de domination et de soumission n'ont de signification que dans le cadre d'une relation à deux. Il ne suffit jamais que l'un des deux dise : « Je suis le chef », il faut aussi que l'autre dise : « Oui, tu es le chef. » Si ce dernier dit autre chose, un conflit peut naître pour l'obtention du titre de chef.

Pourquoi et comment les chevaux se montrent-ils « dominateurs » ?

Pendant longtemps, on s'est attardé sur les interactions agonistiques pour comprendre la structure hiérarchique des groupes de chevaux, avec des « indices de rang ». On s'attachait au comportement menaçant (communication agressive) et aux attitudes de soumission, à savoir qui était le vainqueur et qui était le perdant dans un conflit.

On s'intéresse aujourd'hui plus aux comportements impliquant une réduction de la distance entre deux chevaux. On a déterminé que pour les chevaux vivant sous le contrôle de l'homme les manifestations de comportement agressif sont quotidiennement plus rares que les comportements définissant un rapport entre deux chevaux. On prête aujourd'hui plus d'attention au fait que la position du cheval soumis se caractérise principalement par un changement dans la distance individuelle.

Non seulement dans la recherche sur le comportement du cheval, mais aussi plus généralement dans les études de comportements comparés, le schéma de communication sociale positive a été un peu négligé. Cela tient peut-être

1 Les structures hiérarchiques dans les groupes de chevaux se développent surtout à partir de gestes amicaux.

2 La distance qui sépare ces deux chevaux est très réduite, ce qui implique un lien social proche.

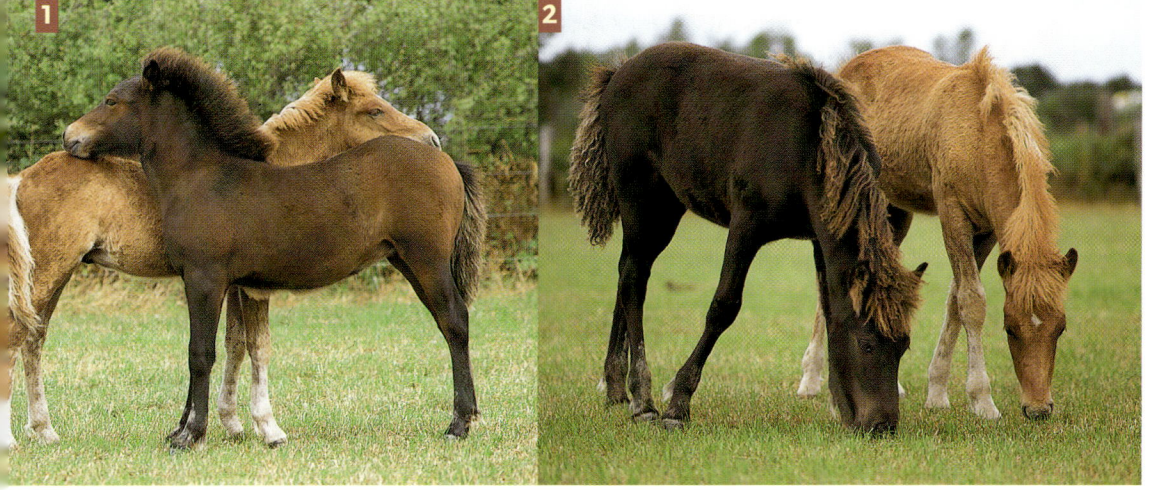

Les gens provoquent parfois sans le savoir des conflits en exigeant une distance réduite entre le cheval et eux, qui va à l'encontre des principes hiérarchiques existant au sein des groupes de chevaux. Cela peut parfois être dangereux.

au caractère spectaculaire des comportements agressifs. Les schémas de communication plus subtils sont moins frappants. Comme tous les animaux sociaux, les chevaux sont très observateurs. Pour eux, des lèvres tendues alors que la tête est calme apportent autant d'informations qu'une tape franche.

Une étude récente sur une population de chevaux a montré que la part de comportements agonistiques est moins importante que celle des comportements amicaux. Il a également été observé que le passage d'un territoire de pâturages bien structuré, avec possibilités d'abris, à un espace à peine structuré, augmente les interactions agonistiques. Le territoire moins structuré représente un facteur de stress, qui fait réagir les chevaux par des comportements plus agressifs. L'absence de facteur de stress (du moins de nature à affecter fortement les chevaux) entraîne une utilisation différente de l'espace. Quand certains chevaux d'un groupe sont éduqués de façon intensive par l'homme et d'autres pas, cela ne change rien à la structure hiérarchique du groupe, comme l'a démontré une étude récente. Comme il a déjà été dit, les chevaux établissent des préférences à l'intérieur d'un groupe et se créent des amitiés. Autrefois, quand on expliquait les relations hiérarchiques uniquement par le biais des interactions agonistiques, on faisait peu de cas des relations amicales. Quand on cherche à expliquer une structure hiérarchique uniquement par les comportements agonistiques et qu'on laisse sous silence les relations amicales, on aboutit à une explication réductrice.

Comment peut-on décrire la formation et la consolidation des relations hiérarchiques au sein d'un groupe de chevaux ? Là encore, le calcul des dépenses et des bénéfices joue un rôle. Il serait stupide, par exemple, pour Alpha d'affirmer sa position à chaque minute de chaque jour. En d'autres mots : il ne sert à rien de bomber le torse quand personne ne vous regarde. Chaque attitude pour affirmer sa suprématie demande de l'énergie. Les comportements d'affirmation de rang ne sont donc produits que s'ils sont utiles et si les bénéfices sont supérieurs aux dépenses. Plus une ressource a de la valeur pour un cheval, plus il sera prêt à dépenser de l'énergie pour l'obtenir. Au sein des troupeaux vivant à l'état naturel, mais aussi dans les groupes élevés par l'homme, on peut observer des scènes où le cheval ayant le rang le plus élevé se tient à côté de la ressource foin et ne réagit pas quand un cheval de rang inférieur se présente pour manger. Le « chef » a-t-il pour autant perdu son rang ? C'est une explication possible et dans certains cas c'est le cas.

Des chevaux déjà « amis » jouent ensemble.

Course-poursuite mais aussi comportement agonistique...

... avec éventuellement bousculades et bagarres.

Les signaux d'apaisement chez les chevaux

Les signaux de soumission et d'apaisement peuvent apparaître de façons séparées ou combinées :

▶ Oreilles légèrement recourbées vers l'arrière

▶ Maintien du corps proche du poulain (tête basse et jambes avant légèrement courbées)

▶ Bouche qui mâche à vide, avec éventuellement une langue pendante

▶ Présenter l'arrière-train pour que l'autre puisse le renifler

▶ Bâiller

▶ Renifler le corps

▶ Comportements de jeu pour sortir d'un conflit

Pour déterminer dans cet exemple si, à cet instant, il y a eu effectivement un changement dans le « rôle de chef », il faudrait connaître l'histoire du groupe pendant les jours précédents et observer tous les comportements qui sont apparus. Pour l'ex-chef, il serait étrange de rester tranquillement à côté du nouveau chef. Il serait plus typique qu'il s'éloigne en montrant des signes de stress et/ou de soumission et qu'il respecte la distance le séparant de l'autre.

Que peut-il s'être passé au cas où le cheval ayant le rang le plus élevé a conservé son statut et que le cheval de rang inférieur a tout de même mangé le foin ? Le « chef » était peut-être repu et n'avait plus de raison de défendre sa ressource. Ou le cheval de rang inférieur a communiqué avec son vis-à-vis pour lui dire : « Ne me fais pas mal, je sais que tu es le chef mais j'ai très faim. » Quand un « chef » reçoit ce type de message, cela lui suffit, dans certaines situations, et il n'a pas à agir. Si le cheval de rang supérieur avait eu faim, il aurait certainement donné un autre type de réponse.

Dans ce genre de situation bien délimitée, de nombreux facteurs extérieurs ou internes entrent en jeu. Ce qui est sûr, c'est qu'une position hiérarchique ne s'exprime que par rapport aux autres. On ne montre pas son rang pour atteindre un objectif personnel mais seulement quand une situation donnée l'exige.

La domination dans la relation que l'on a avec le cheval

Le principal attribut de l'animal ayant un rang élevé est certainement son droit d'agir à sa guise envers les animaux qui sont de rang inférieur. Il a, par exemple, un droit d'accès aux ressources au moment où il le désire. Il est celui qui initie ou met fin aux interactions sociales. Il est celui qui régit l'ensemble des relations sociales à l'intérieur d'un groupe.

Il est aussi l'initiateur pour certaines activités, comme la fuite et la lutte contre les ennemis. On peut dire que selon la situation l'équation suivante prévaut : « Rôle de chef = rang le plus élevé ».

Parmi les comportements qui montrent le rang, on peut aussi citer ceux qui consistent à s'imposer par une attitude. Ces comportements ne sont pas forcément énergiques et démonstratifs. Les chevaux peuvent s'imposer de façon subtile, par le biais par exemple de petits contacts frontaux avec réduction de la distance entre les deux individus concernés.

Ce comportement est particulièrement intense quand il implique le passage à la menace. Selon le contexte, il peut consister pour un cheval à vouloir paraître plus grand qu'il n'est. À cela peut s'ajouter une délimitation de territoire à l'aide de marques telles que le crottin et l'urine. L'intensification de ce type de comportement pour produire une réelle menace représente dans un contexte donné un comportement d'affirmation de rang. Il ne faut pas oublier que la notion de menace est très différente entre deux chevaux et entre le cheval et l'homme.

Quand les chevaux voient dans ceux qui s'occupent d'eux des partenaires sociaux, ils se prêtent à toutes sortes de sollicitations.

Cette situation peut être très dangereuse, sans que pour cela le cheval ait l'intention de vous blesser. Vous devez au préalable apprendre à votre cheval les ordres consistant à poursuivre son mouvement et à reculer afin de pouvoir les utiliser dans ce genre de situation.

Le cheval doit apprendre que c'est l'homme qui fixe le début et la fin du jeu et qu'il n'obtiendra rien en cherchant à poursuivre le jeu.

Souvent, certains signaux nous échappent alors qu'ils sont très importants pour le cheval. Dans le fait de vouloir en imposer, ce que nous avons déjà évoqué est toujours valable : ce n'est pas parce qu'un cheval se proclame chef qu'il l'est dans les faits. Quand le cheval A s'impose par rapport au cheval B, ce dernier peut à son tour essayer de s'imposer... et l'explication se poursuit jusqu'à ce que les rôles de dominateur et de soumis soient clairement

établis. Le comportement consistant à admettre un rang inférieur conduit à une attitude de retrait ou de fuite.
Les structures hiérarchiques mesurées à l'aune des liens amicaux se traduisent plutôt par des attitudes du genre : « Un cheval s'approche sans que l'autre recule » ou « un cheval commence à lécher son congénère. »
Chez les chevaux vivant dans un environnement naturel, on peut trouver simplement au lieu d'une hiérarchie marquée et individualisée à l'intérieur d'un groupe des groupes de rangs supérieur et inférieur. À l'intérieur de chacun de ces groupes, les différences de rang sont peu marquées et évoluent facilement. Chez les chevaux de la région de Liebenthal (en Allemagne), on a observé pendant quelques mois un groupe de jeunes chevaux et on n'y a vu aucune hiérarchie. Dans le cadre de cette observation, des tests de fourrage ont été effectués. Les résultats obtenus quant à la structure hiérarchique à partir des tests de fourrage étaient différents de ceux obtenus à partir d'une méthode d'observation globale. Il reste à espérer qu'en ce domaine les recherches se poursuivront pendant les années à venir. L'étude du thème de la « domination » peut déboucher sur des résultats importants quant à la protection du monde animal, car il étend la connaissance du comportement animal.
Beaucoup de gens pensent qu'ils endossent un rôle de chef quand ils haussent la voix ou quand ils adoptent des attitudes visant à contraindre l'animal à obéir. Ils se trompent. Ce genre de procédé est ressenti comme une agression par le cheval.
Cette volonté de « s'affirmer face au cheval » remonte aux temps où l'éthologie s'intéressait surtout aux comportements agressifs du monde animal sans trop se soucier des éléments comportementaux socio-positifs associés aux différences de statut, ainsi qu'aux attitudes de domination et de soumission.

Forcer un cheval à adopter un comportement ne correspond pas aux attributs spécifiques au cheval de rang supérieur et ne fonctionne que dans certaines situations très précises. Une jument ayant une position de chef ne contraint pas les autres chevaux à la suivre vers un nouvel herbage ou un abri en leur signifiant : « Si vous ne me suivez pas, vous aurez la raclée. » Elle se contente de partir et ceux qui sont assez malins pour la suivre pourront se remplir la panse.

Les étalons ont des façons plus dirigistes de marquer leur rang, mais il faut dire que souvent la ressource en question est une jument. Un étalon peut contraindre une jument à rester dans son groupe.

Les liens hiérarchiques linéaires par lesquels on explique les relations sociales et le principe d'obéissance sont un mythe. Un cheval qui se soumet, qui adopte donc un langage corporel de soumission, signifie par là même qu'il reconnaît le statut plus élevé de son vis-à-vis. Souvent, la soumission apparaît après un conflit. Le cheval de rang inférieur a besoin d'apaiser l'autre et de dédramatiser la situation. Quand un cheval obéit à un ordre de son éleveur, il s'agit d'autre chose. Cela signifie que l'ordre a été auparavant appris et il n'y a donc pas soumission.

Ce n'est pas en adoptant des attitudes agressives ou en criant sur le cheval que l'on devient chef.

S'il y avait attitude de soumission au moment où le cheval réagit par rapport à un signal, ce serait bien triste, car cela signifierait que votre cheval se sent menacé (peur) quand vous lui donnez un ordre, ce qui nuirait évidemment à vos bonnes relations.

L'Américaine Sue McDonnel résume ces représentations sous l'expression de « Alpha sous contrainte » et démontre que l'homme cherche à devenir le cheval Alpha. Elle dit sans détour que ce désir « d'un cheval soumis face à un être humain dominant » est stupide, car il ne peut pas fonctionner si l'on considère le comportement habituel du cheval. Quel cavalier souhaite vraiment que son cheval fasse preuve envers lui d'une soumission permanente ? Un comportement de soumission totale ne serait en fait qu'une façon de maintenir la distance avec le partenaire… mais est-ce ce que veut aussi le cavalier ? Il préfère certainement un contact avec l'animal qui réponde à des critères utiles.

Quand on observe des chevaux à l'état sauvage, on remarque qu'ils se donnent très peu d'ordres. Aucun cheval ne se place devant un autre pour lui signifier : « Décris des cercles autour de moi » ou « Cours plus vite ou moins vite. » Les chevaux se disent rarement ce que

L'effet produit est l'augmentation du stress et de l'angoisse, ce qui diminue la capacité à apprendre du cheval. L'agressivité ne résout rien.

Voici comment nous aimons notre monture : attentive, pas stressée et soucieuse d'apprendre.

l'autre doit faire mais plutôt ce que l'autre ne doit pas faire. Les messages sont en général les suivants : « Va-t'en de l'endroit où je me repose », « Ne touche pas à ma nourriture », « Laisse ma partenaire tranquille » ou « Fiche-moi la paix. » Naturellement, ces messages s'intègrent dans la structure hiérarchique. Celui qui importune l'autre ou qui lui prend le bien qui lui appartient signale la plupart du temps une volonté d'affirmer un rang plus élevé. Si le message est « va-t'en » et que le trouble-fête s'en va réellement, la relation hiérarchique momentanée est clarifiée. Mais attention : toutes les interactions à propos d'un objet ou d'une personne ne se terminent pas par un échange intense d'informations permettant de définir exactement les rangs. Comme il a déjà été dit, les relations entre chevaux sont très subtiles. Les signaux les plus anodins peuvent avoir une très grande signification et celui qui fait le plus de bruit n'est pas forcément le chef. Aussi, ne voyez pas dans chaque interaction qui a lieu entre votre cheval et vous un véritable conflit social mais

Les oreilles inclinées vers l'arrière sont ici un signe d'attention et non de soumission, d'insécurité ou d'angoisse.

pensez plutôt à l'ensemble des informations que vous donnez à votre cheval en vous comportant de telle ou telle façon. L'obéissance du cheval envers l'homme n'a que peu de choses à voir avec la hiérarchie. La nature n'a pas prévu qu'un homme donne des ordres à un cheval. Mais il y a bel et bien une relation : l'éducation est facilitée si le cheval répond avec promptitude aux signaux de l'homme. Cette promptitude peut *aussi* dépendre des différences de rang. En général, le chef se soucie peu du rang inférieur. Vous vous faciliterez la tâche avec votre cheval en partant d'une base de structure de groupe claire. Mais là aussi la prudence s'impose : ne pensez pas qu'à chaque fois que votre cheval ne prête pas attention à vous, il remette la hiérarchie en question.

Il existe beaucoup de raisons pour lesquelles un cheval refuse un ordre. En général, il s'agit simplement du fait que vous attendez trop du cheval.

Si l'on consulte le dictionnaire, on trouve des définitions différentes du mot « autorité ». Une « éducation anti-autoritaire » signifie une éducation sans contrainte et sans répression. « Une « personne autoritaire » a un comportement dictatorial et exige une obéissance aveugle. « Une autorité » est une personne influente dans un domaine de connaissance. Pour votre cheval, vous devez être ce genre d'autorité : un chef juste, calme, responsable et subtil. Quant aux deux autres définitions citées, il convient d'être très critique. Chez les chevaux, il n'existe pas de maître « totalitaire » ou « dictatorial ».

Un comportement de cette nature risque de ne pas être compris par l'animal. À plus ou moins court terme, la répression ou la contrainte produisent des changements de comportement mais n'aboutissent pas à l'apprentissage à long terme et vous pouvez perdre la confiance de votre cheval. De plus, le risque est grand de se laisser entraîner dans un conflit direct, à la fois physique et violent. La contrainte exercée sur l'animal s'accumule et l'amène à réagir avec agressivité.

L'échec doit être présenté de telle sorte que le cheval en tire un enseignement. Cela signifie que du point de vue du cheval, la « contrainte » doit être associée à un contexte pour qu'il puisse la placer dans un ensemble de relations sociales. D'un autre côté, le cheval doit aussi avoir la possibilité d'essayer ses différentes stratégies (recul, soumission, etc.) et une de ces stratégies doit réussir. Si sur une période assez longue, aucune des stratégies ne réussit, le cheval entrera dans un état de stress qui pourra aboutir à des problèmes de comportement plus ou moins graves. Ce genre de situation peut relever de la sphère de la protection animale.

Un exemple parfait est le fait de faire peur au cheval dans le manège. Il existe en l'occurrence plusieurs méthodes. La plupart du temps, le cheval doit avoir peur au point de mâcher à vide ou de montrer un autre comportement de soumission.

Faire preuve d'autorité envers le cheval signifie avant tout établir avec lui un partenariat basé sur la confiance.

APPRENTISSAGE ANTI-AUTORITAIRE ?

Doit-on ne jamais punir le cheval et n'exercer aucune contrainte sur lui ? Autrement dit, doit-on adopter une attitude anti-autoritaire pour éduquer son cheval ?

Du point de vue biologique, une telle attitude n'est pas possible. Le monde paradisiaque où le cheval n'effectuerait que des actions positives n'existe pas. L'animal doit apprendre les différentes composantes du monde pour aboutir au bien-être. Ce qui implique d'apprendre aussi bien par la réussite que par l'échec.

Mâcher et lécher est un acte de soumission chez les chevaux. Très tôt dans la vie du poulain, le fait de « mâcher et lécher » s'accompagne la plupart du temps d'un corps baissé et de jambes légèrement arquées. En fait, il s'agit de l'attitude corporelle du poulain quand il tète sa mère.

Au début, ce comportement est associé à la prise de nourriture, mais plus tard il prend un contenu social pour signifier la soumission vis-à-vis d'un partenaire ou l'envie de sortir d'un conflit en douceur. Dans le monde animal, on trouve de nombreux exemples de tels évolutions et changements dans le fonctionnement d'un signal. Les différentes expériences d'apprentissage que peuvent faire la jument et son poulain dans le cadre de ce type de comportement sont souvent considérées de façon anthropomorphique.

Du point de vue de la mère, cette expérience d'apprentissage peut avoir la signification suivante : quand le poulain produit ce type de comportement (lécher et mâcher), il n'y a pas d'intention agressive (le poulain a faim) et l'arrêt de la pression sur les mamelles produit un effet agréable.

Du point de vue du poulain : quand je veux quelque chose de mon vis-à-vis (principalement du lait), ce comportement porte souvent ses fruits. Je m'aperçois alors que le

1 Ce type de travail à la longe ou dans le manège est souvent utilisé pour résoudre de nombreux problèmes spécifiques au cheval, mais en fait il constitue une source infinie d'erreurs.

2 Ici, le cheval mâche à vide et n'a plus les oreilles baissées. Si on ne remarque pas cette attitude et que l'on continue l'exercice sans rien changer, on peut aboutir à des situations de stress et de conflit.

vis-à-vis n'est pas agressif et que je peux diminuer la distance qui me sépare de lui.

C'est ainsi que se développent les actes de soumission, qui pourront plus tard servir comme attitude d'apaisement en cas de conflit : même avec une distance moins grande, il n'y a pas d'agressivité, car chacun sait ce que l'autre veut. Cela ne fonctionne bien sûr que pour les chevaux bien socialisés, qui forment un groupe solidaire, et maîtrisant le « langage des chevaux ».

Certains scientifiques, notamment Boyd dans les années 1980, sont allés un peu plus loin, en disant que le fait de mâcher à vide n'élimine pas complètement l'agressivité du vis-à-vis mais apaise plutôt celui qui le pratique. Le cheval adopterait cette attitude pour se calmer. Ce serait donc un comportement de dépassement, qui se produit en état de stress. Il n'a pas de rapport direct avec la situation en cours, il n'a pas non plus pour but d'optimiser ses aptitudes individuelles. Il a simplement pour fonction de détendre l'animal stressé dans un conflit.

Si dans une situation de menace, un cheval est flairé par un partenaire, ce comportement mettra également fin à la communication. L'information qu'il donne est la suivante : « Pas de problème, je me soumets », ce qui diminue fortement les risques d'une attaque. Ce type de comportement appartient principalement aux sphères « comportement de

3 Le cheval ne sait toujours pas comment il va résoudre ce problème/conflit.

4 À un moment donné, il optera peut-être pour un comportement de soumission. Reste à savoir si cette attitude a, à long terme, un effet positif.

soins du corps et comportement de confort » (par exemple le bâillement), « prise de nourriture » ou « comportements de jeu ».

Si le partenaire qui se soumet mâche à vide à trop faible distance, l'autre cheval peut encore réagir avec agressivité. À ce moment-là, il est important que le cheval ayant le rang le plus élevé (celui qui est face à l'animal qui mâche à vide) ne diminue pas la distance. Soit les deux chevaux se séparent et reprennent chacun leur chemin, soit celui ayant le statut le plus élevé envoie à l'autre un signal lui permettant de se rapprocher. Si ce dernier se rapproche sans qu'il y ait eu « signal d'autorisation », le cheval dominant pourra se montrer agressif.

Quand un cheval fait preuve d'un tel comportement, il a une raison subjective : il s'est senti menacé à long ou court terme, ce qui a produit chez lui du stress (activation de la réaction physiologique au stress), et il a donc réagi par un comportement lui permettant de contourner la menace. Dans certains cas, la fuite n'est pas possible. Il faut savoir qu'en réponse à un contact social agressif ou à une communication agressive d'un individu inconnu, la fuite ou le recul est une des premières solutions choisies par le cheval. Des quatre « F », il ne reste que la fuite en avant, le renoncement ou la recherche d'apaisement.

Le souci de protection du monde animal peut ici entrer en

Le cheval ayant le rang le plus élevé ne s'approche pas, mais autorise l'autre cheval à approcher, ce qui lui permet ensuite de s'approcher en toute tranquillité.

ligne de compte. En règle générale, les chevaux ne sont jamais agressifs sans raison. Il existe à chaque fois une raison ou un élément déclencheur. De plus, les animaux en conflit ont la possibilité de mettre un terme au conflit. Les causes peuvent être une différence persistante de statut, ou des conflits potentiels qui couvent depuis longtemps. L'élément déclencheur peut être une erreur de comportement d'un des deux chevaux. Peut-être que l'un des deux avait une très grande faim et qu'il a dû attendre que l'autre ait terminé de manger avant de pouvoir s'approcher du foin.

Les situations surgissant dans le roundpen ne sont pas toujours compréhensibles pour le cheval. Pourquoi (du point de vue du cheval) doit-il faire face à une contrainte de la part d'une personne qu'il ne connaît pas forcément et qui ne présente pas un grand intérêt, et ce pour aboutir à un comportement souhaité ?

Si le cheval a la chance d'avoir face à lui quelqu'un qui connaît un peu le langage des chevaux, la situation se débloquera vite. Mais s'il n'a pas cette chance, il passera

en revue ses stratégies de comportement pour la résolution du conflit, et aboutira éventuellement à un état de détresse.

Cet état est dramatique. Le cheval capitule quasiment devant le danger. Il ressent une menace totale devant laquelle il se sent réellement impuissant. Dans ce cas, la seule solution est d'attendre. Ce genre d'expérience peut aboutir à la rupture de la confiance entre le cheval et son entraîneur. Si ce dernier n'a pas de chance, il s'apercevra dans le pire des cas que le cheval a des sabots très efficaces et un poids nettement supérieur au sien.

Ce genre de situation ne doit pas être pris à la légère. L'homme ne doit pas s'embarquer dans ce type d'impasse sous le simple prétexte de corriger de mauvaises manières ou de revendiquer sa position de chef. Ce qui ne veut pas dire non plus que tous les problèmes se règlent avec la douceur.

Lors des contacts avec le cheval, une certaine contrainte est nécessaire, en raison des différences de force et de poids entre le cheval et l'homme, mais elle doit se faire par étapes et de façon adéquate afin que le cheval puisse comprendre exactement quels sont les enjeux. Alors (et seulement alors), le cheval pourra en tirer un enseignement et explorer des possibilités d'action lui permettant de répondre aux désirs de l'entraîneur. Dans ce cas, le stress est à son niveau le plus bas et le cheval peut apprendre à résoudre un problème particulier.

Il faut indiquer la direction souhaitée au cheval mais le signal doit être clair et sans ambiguïté.

L'état de stress prolongé (qui peut relever du domaine de la protection animale) apparaît quand il n'y a pas de possibilité de sortir clairement d'une situation désagréable. Normalement, il ne doit pas y avoir de problème de statut entre l'homme et le cheval, car c'est toujours l'homme qui a le contrôle des ressources : alimentation, contacts sociaux et activités communes. Pendant les moments où le cheval et l'homme sont en contact, c'est toujours ce

dernier qui a l'initiative. Les « petits jeux d'apprentissage »
que nous avons déjà mentionnés (grattage mutuel, tolérance à la frustration) donnent suffisamment d'informations sur la relation de domination en faveur de l'homme.
De nombreuses personnes sous-estiment la forte pression
psychologique exercée sur le cheval dans le cadre de ces
actions.

Quand je pratique l'apprentissage de la tolérance à la frustration, je l'accompagne toujours d'exercices où je produis
un blocage corporel. Je veux, par exemple, que mon cheval
s'arrête quand je lui donne le signal de s'arrêter. Il faut
pour cela que l'ordre ait été bien appris et qu'il n'ait aucun
rapport avec une volonté de domination. Mais mon cheval
doit s'arrêter devant moi ou reculer d'un pas quand la
situation l'impose. Pour cela, je pratique la technique du
blocage devant la nourriture, qui a été décrite plus tôt, et
j'avance en plus d'un pas en direction du cheval, frontale-
ment. S'il recule légèrement, je le récompense. Ce faisant,

Une brève esquive en réponse à
une approche frontale de l'entraîneur sera récompensée.

il a accepté la distance entre lui, moi et la nourriture. Je me comporte ensuite de façon amicale, tout en assumant mon rôle de partenaire dominant. Si des problèmes de statut apparaissent et que le cheval tente de les résoudre avec agressivité, il vaut mieux se méfier. Cela sera expliqué plus précisément dans le dernier chapitre, qui traite des comportements problématiques. En toutes circonstances, soyez un « chef » responsable, juste et calme. Le temps que vous investissez maintenant vous sera bien utile pendant les 10-20 ans à venir.

Comme il a déjà été dit, l'éducation anti-autoritaire ne convient pas au cheval, mais l'autorité qu'il faut exercer ne signifie pas qu'il faille crier fort, être agressif ou même se montrer violent. L'autorité se gagne en faisant comprendre au cheval qu'il n'aboutira à rien sans vous. En tant que personne exerçant l'autorité, vous avez une influence sur son comportement. Pour cela, vous devez le guider dans ses réussites et ses échecs.

L'autorité signifie ici de dire subtilement au cheval : « Tu as besoin de moi. » Le soin des sabots peut ainsi se passer sans stress.

L'ÉDUCATION DU POULAIN

L'ÉVOLUTION DU COMPORTEMENT CHEZ LES CHEVAUX

... pas seulement chez les poulains

Les conseils d'éducation des pages qui suivent ne concernent pas seulement les poulains. Ils peuvent aussi s'appliquer aux chevaux adultes, du moment bien sûr qu'on les adapte. Le plus simple est naturellement de montrer le « bon chemin » au cheval dès son plus jeune âge. L'éducation commence dès le premier jour de la vie du poulain. Si l'on tient compte de certaines réalités concernant l'évolution du comportement, les choses seront simples et se dérouleront « presque » sans problème.

Un petit être indépendant

Très peu de temps après la naissance, le poulain est non seulement capable de chercher par lui-même le « réservoir à lait » mais aussi de suivre sa mère sur de longues

Comportement inné : la recherche des mamelles de la mère. Le poulain apprend à les trouver grâce à l'odeur et à certaines caractéristiques anatomiques. Contrôle de l'odorat du poulain par la mère : elle le pratique aussi longtemps que le poulain est à ses pieds.

distances et d'avoir des comportements de reconnaissance de terrain et de jeu. Là où c'est possible et où il n'y a pas de danger, la mère se retire des autres membres du groupe peu avant de mettre bas. Mais il se peut aussi qu'elle se sépare du groupe en compagnie de deux ou trois chevaux ou que le poulain naisse au sein du groupe. Si une jument prête à mettre bas reste à l'extérieur, il faut que le terrain sur lequel elle évolue offre une possibilité de retraite, au cas où elle en aurait besoin. Il va de soi que les juments n'aiment pas être dérangées au moment d'une

Environ 30 minutes après la naissance, le poulain montre pour la première fois un comportement de confort.

naissance. Des portes qui claquent, des allers et venues dans l'enclos ou les écuries peuvent entraver le processus naturel de l'accouchement et dans le pire des cas entraîner des complications.

D'un autre côté, il est souhaitable que l'homme entre le plus tôt possible en contact avec le poulain. Ce contact précoce est le garant des bonnes relations futures entre l'homme et le cheval. C'est de cette façon que le poulain se socialisera avec l'homme et n'éprouvera pas de crainte à son égard, le considérant comme un partenaire social.

L'ÉVOLUTION JUSTE APRÈS LA NAISSANCE

Immédiatement : Thermorégulation ; travail pour se dégager de la poche placentaire ; développement du lien à la mère.

Quelques minutes : Essai pour se mettre debout.

10-60 minutes : Station debout.

40 minutes : Orientation visuelle et acoustique

30-120 minutes : Recherche des mamelles (mouvement inné : recherche du coin sombre avec poussées de la tête, action de téter ; mouvement acquis : le fait de trouver rapidement les mamelles, par la suite).
La première tétée se passe donc 30 à 120 minutes après la naissance (420 minutes étant le maximum).

Après env. 30 minutes : Exploration de l'environnement : comportement de confort : début de la communication sociale (comportement agonistique).

60-180 minutes : Première défécation.

Après env. 100 minutes : Comportement de jeu (seul).

Après env. 120 minutes : Première urine.

Au cours de sa première journée, le poulain se déplace déjà dans tous les types d'allures.

EMPREINTE ET SOCIALISATION

Le concept d'empreinte a été forgé et décrit pour la première fois par Konrad Lorenz et ses contemporains. Il signifie le processus d'apprentissage d'un être vivant grâce auquel des expériences individuelles spécifiques s'inscrivent de façon permanente dans le programme comportemental. Pendant une très brève étape du développement inscrite dans le génome, la capacité à apprendre des stimuli, des situations et un programme de comportements est renforcée chez chaque espèce animale. Ce moment, appelé « période critique » de l'empreinte, peut parfois ne durer que quelques heures.

L'expérience de Lorenz avec les oies est restée célèbre. Juste après l'éclosion, les oisons s'attachent au premier gros objet en mouvement qu'ils ont devant eux et le considèrent comme leur mère. L'objet présenté par Lorenz pouvait être ses bottes en caoutchouc ou un manche à balai.

1 Seulement 30 minutes après la naissance, le poulain commence à se déplacer et à explorer son environnement.

2 Les premières expériences de jeu sont solitaires et apparaissent environ 100 minutes après la naissance (les poulains sur certaines photos sont plus âgés, car il est déconseillé d'utiliser un flash juste après la naissance, cela pourrait perturber la mère et son poulain).

Les empreintes typiques du monde animal sont, par exemple, l'empreinte filiale, l'empreinte sexuelle et même l'apprentissage du chant chez les oiseaux.

La socialisation se passe sur une période beaucoup plus longue que le phénomène d'empreinte et les apprentissages avec le jeu sont plus réversibles que ceux de l'empreinte. Selon les connaissances actuelles de la science, l'empreinte et la socialisation correspondent à une rupture sémiotique, c'est-à-dire que l'on a affaire à deux processus biologiques séparés.

Aujourd'hui, on sait que l'apprentissage de type empreinte peut partiellement encore se produire à l'âge adulte et qu'il est quasi irréversible. En fait, il n'y a pas « fixation » sur un objet, comme le disait Konrad Lorenz, mais seulement une « préférence », qui est toutefois très forte. La « socialisation » est l'intégration d'un jeune animal dans une organisation sociale. Les schémas de comportement impliqués sont plus nombreux que ceux de type empreinte

Le concept d'empreinte filiale n'est pas à prendre au pied de la lettre. Il signifie que le poulain s'oriente par rapport à sa mère, surtout en cas de danger.

et moins associés à une « fixation sur un objet ». Au cours de la socialisation, l'être vivant apprend les règles sociales d'un groupe et les différents éléments de la communication sociale. On peut dire que le poulain acquiert une « identité du moi dans le groupe ». De plus, il s'habitue aux différentes conditions de vie de l'environnement, où il devra évoluer sans stress pour le reste de sa vie. Tout ce que n'apprend pas un être vivant pendant cette phase de socialisation produira ultérieurement de l'angoisse et du mal-être. C'est ainsi que se mettent en place des schémas comportementaux spécifiques garantissant la survie de l'animal.

La « socialisation » signifie l'intégration d'un poulain dans une structure sociale, l'apprentissage des règles et la communication qui en découle.

Les expériences du début de la vie sont déterminantes pour les comportements adultes. On sait que chez les mammifères il existe une tendance prononcée à transformer les expériences réussies ou ratées de l'enfance en expérience d'apprentissage pour le reste de la vie, d'un point de vue positif ou négatif.

Lien entre le poulain et sa mère

Quelle est la force du phénomène d'empreinte chez le cheval ? Sur quelle période exactement court la période de socialisation ? Ces questions font encore l'objet de débats chez les spécialistes. Dans les ouvrages traitant de ces questions, vous trouverez des réponses différentes, ne vous en étonnez pas. Une chose est cependant sûre : dès l'apparition des signaux olfactifs au moment même de la naissance naît un lien fort entre la mère et son poulain, qui peut être décrit comme un phénomène d'empreinte. Dans le renforcement du lien entre le poulain et sa mère, les signaux acoustiques et de mouvement jouent également un rôle important. Les juments « grommellent » sur un ton relativement grave pour parler à leur petit et celui-ci se tourne dans la direction du premier « gros objet en mouvement », qui est en l'occurrence sa mère. Pour décrire ce lien chez le poulain, on utilise le concept d'empreinte filiale.

Le lien entre la mère et son poulain se forge mieux si la mère se retire du groupe de chevaux pour la naissance et qu'elle le réintègre avec le poulain quelques heures plus tard. Mais une naissance au sein même du groupe peut également donner lieu à un lien fort, car la mère établit de toutes les façons les premiers contacts olfactifs avec son petit et elle peut, si besoin est, le protéger avec son corps des autres membres du groupe. Dans ce genre de situation, on peut observer une mise entre parenthèses des structures hiérarchiques observées jusque-là. Même si la

Ce genre d'expérience fait partie de la socialisation d'un futur cheval de selle. La mère du poulain n'y trouve aucun inconvénient.

mère était dans des situations précédentes d'un statut inférieur aux autres juments du groupe, sa distance individuelle sera respectée à ce moment-là.

Si, dans la nature, les juments mettent bas à n'importe quelle heure du jour ou de la nuit (avec une préférence pour le petit matin), elles le font principalement la nuit quand elles sont sous le contrôle de l'homme pour ne pas être dérangées. C'est pourquoi souvent les éleveurs ne s'aperçoivent des naissances que quelques heures après et entrent donc en contact avec des poulains qui se sont déjà forgé un lien étroit avec leur mère.

Dans les élevages intensifs modernes, il y a aujourd'hui une vidéo surveillance qui permet à l'homme d'observer la mise bas et d'intervenir s'il le faut. Mais là aussi, il faut que le poulain et la mère aient le temps d'établir un lien solide. Que le poulain fasse la connaissance de l'homme 30 ou 180 minutes après la naissance ne change rien par rapport à la qualité des relations futures entre l'homme et le cheval. Par contre, l'absence de lien, ou un lien faible, avec la mère peut entraîner des problèmes sérieux dans l'avenir.

L'IMPRINTING — IL FAUT ÉVITER CE PREMIER CHOC

Robert Miller a décrit en 1991 une méthode de première approche entre l'homme et le poulain peu de temps après la naissance et qui permet une socialisation optimale. Cette méthode a été baptisée l'*imprinting*, mot anglais signifiant « empreinte ».

Ce procédé est malheureusement tout autre chose qu'un programme d'imprégnation qui aurait son équivalent dans la nature. Certains spécialistes du comportement affirment que ce procédé risque même de faire naître des problèmes de comportement chez les chevaux ou du moins d'en augmenter la probabilité dans l'avenir.

Selon Miller, le poulain nouveau-né doit être confronté après 30-120 minutes de vie à toutes les sortes de sons et de sensations. Pour cela, l'exposition doit être intense, et même forcée (le poulain aura peur et aura un comportement de défense), jusqu'à ce que le poulain ne montre plus de signes de défense et accepte son destin. Miller décrit cette méthode comme un « programme de désensibilisation ». En fait, il s'agit d'un flux de stimuli (qu'on appelle « flooding » dans la biologie et la psychologie de l'apprentissage). Par rapport à ce qu'il vivait dans le ventre de sa mère, le poulain est naturellement soumis à un ensemble de stimuli juste après sa naissance. Autrement dit, la naissance constitue déjà en soi une expérience traumatique pour le poulain qui est submergé de stimuli inconnus et de sensations nouvelles. La méthode radicale recommandée par Miller n'a pas d'équivalent dans la nature.

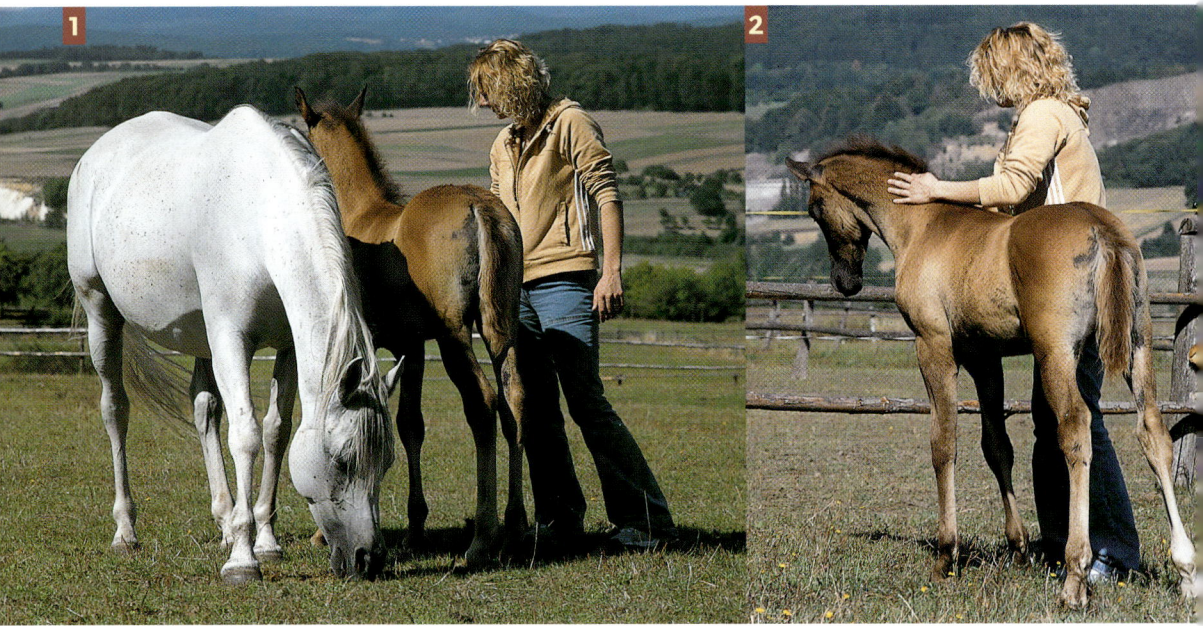

1 Si la mère est détendue, le poulain sera très vite curieux de découvrir l'être humain.

2 On peut toucher le poulain du moment qu'il reste calme et détendu. Au début, les caresses doivent se faire du plat de la main.

Premiers contacts avec l'homme

D'un autre côté, un certain de taux de stress est nécessaire. Ce n'est qu'en étant confronté avec des facteurs de stress qu'un être vivant peut exercer sa tolérance au stress et d'autres compétences (par exemple dans les domaines du comportement social et de la communication). Le plus important est que ces confrontations avec des facteurs « naturels » de stress aboutissent à des possibilités d'action pour le poulain. Il peut essayer différentes solutions pour résoudre ses problèmes et n'est pas contraint à adopter celle qui serait la moins naturelle pour lui : attendre que son destin s'accomplisse, quitte à se faire manger par un prédateur.

Comment un jeune poulain apprend-il à connaître mieux l'être humain ? Tout simplement en se mettant « à son service ». Les petits de toutes les espèces vivantes, surtout ceux qui nécessitent des soins maternels intenses, sont en

général curieux. Ils peuvent se permettre ce luxe parce
qu'ils savent que les adultes veillent à ce que leur curiosité
ne les mène pas dans un piège, ce qui est toujours
possible. Ils comptent donc sur leurs parents pour leur sécurité. Une curiosité générale permet de faire de nombreuses
expériences en peu de temps.
Afin d'apprendre à connaître son environnement, vivant
ou minéral, sans trop de stress, il est important d'avoir un
modèle auquel se référer. La mère représente évidemment
le meilleur modèle possible pour le poulain. Les chevaux
apprennent beaucoup par l'imitation. Le terme d'imitation
veut dire ici s'orienter par rapport à un partenaire social. Il
s'agit moins d'apprentissage cognitif que de compréhension des émotions et d'observation des modèles de
comportement des partenaires, lesquels sont reliés aux
émotions. C'est pour cela qu'on remarquera souvent qu'un

**La curiosité est un luxe dont ne
peuvent jouir que les jeunes
animaux surveillés de près par
les parents.**

poulain s'approchera plus facilement d'un être humain si la mère est détendue. Si celle-ci montre de l'inquiétude, de l'angoisse ou de l'agressivité envers les hommes, le poulain se cachera volontiers derrière elle. Il aura peur lui aussi.

Les attitudes décrites ci-après concernent les poulains dont les mères n'éprouvent aucune crainte vis-à-vis de l'homme et ont avec lui des relations détendues permettant une certaine proximité. Une jument angoissée ou agressive pose un gros problème. Comme cela est malheureusement loin d'être rare, nous y reviendrons ultérieurement.

Quand le poulain naît dans un box, des personnes connues peuvent s'approcher du box pour le regarder 30 minutes après la naissance, du moment qu'elles restent discrètes. Il ne faut pas que l'allée longeant les box connaisse une trop forte activité, ni qu'il y ait des « chuchotements en tous genres » autour du box. Si le poulain est né dans l'enclos, vous pouvez vous placer à une certaine distance de la mère et attendre que le lien mère-poulain soit bien établi. Je conseille de ne procéder au premier contact proche avec le poulain qu'après la première tétée.

Quand un poulain naît, il faut le laisser seul pour sa première tétée. Ensuite, des personnes connues de la jument peuvent se montrer.

Cette première tétée est par bien des aspects importante
pour le poulain. D'une part, elle initie le premier transit
intestinal ; d'autre part, le poulain obtiendra grâce à elle
des substances importantes pour son système immunitaire, qui à son âge n'est pas assez fort pour faire face aux
différentes infections. Le colostrum (le premier lait après
l'accouchement) contient des anticorps dont a besoin le
poulain. Après la première tétée, le lait de la jument ne
contient plus ces anticorps.

Une fois la première tétée terminée, vous pouvez vous
approcher du poulain, mais seulement si vous connaissez
bien la jument. En guise de premier contact, contentez-
vous de parler à la jument et de la caresser. Dans la
plupart des cas, il ne vous faudra pas attendre longtemps
pour que le poulain vienne vous renifler. À ce moment,
vous pouvez vous enhardir en tendant doucement la main
vers le poulain pour tenter une caresse. Si le poulain
recule, n'insistez pas. Attendez plutôt qu'il revienne de lui-
même. En général, la curiosité sera la plus forte et le
poulain finira par admettre l'absence de danger. C'est
alors qu'il faut le caresser.

Pour les caresses, essayez d'imiter la langue de la mère.
Posez le plat de la main sur le cou et poursuivez la caresse

1 Quand un poulain accepte
une caresse faite avec la
paume de la main, vous
pouvez lever haut votre autre
bras. Ensuite, vous pourrez
faire des mouvements plus
vifs. Plus un poulain s'habitue aux « excentricités
humaines », mieux c'est
pour lui.

2 Apprenez au poulain à
accepter une pression forte
exercée sur le dos. Au début,
vous procédez à une imitation de grattage de la mère.
Ici, le poulain semble
apprécier.

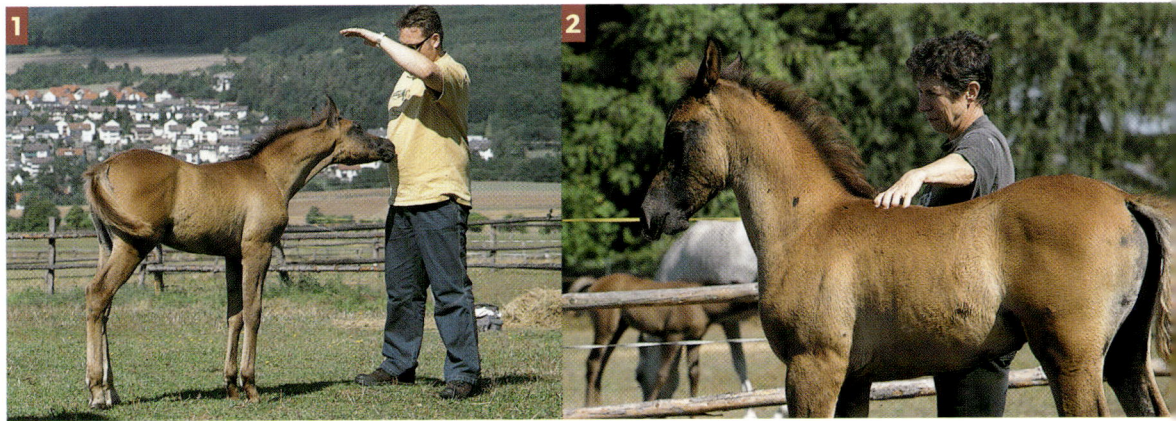

1 Les caresses sur les membres doivent également débuter tôt.

2 La curiosité du poulain est stoppée. Lors de vos deux derniers pas, placez votre ordre : « Approche-toi » et récompensez ensuite le poulain.

en direction du dos et des flancs, puis sur le côté et le ventre. Si le poulain donne des signes d'agitation, n'insistez pas, recommencez plutôt la manœuvre depuis le début. Cette première prise de contact n'a que pour but de faire connaissance et de faire prendre conscience au poulain que vous êtes un être vivant inoffensif et dont le contact est semblable à celui de la mère. C'est ainsi que s'établit la base du futur apprentissage.

Vous pouvez accélérer ce processus de prise de connaissance en mêlant sur votre main votre propre odeur et celle de la mère. Dans la région des mamelles de la jument se trouvent des glandes d'olfaction. Les phéromones qui y sont élaborés n'ont pas seulement pour fonction de renforcer le lien entre la mère et le poulain par le biais de l'odeur, ils ont aussi un effet rassurant sur le poulain. Vous pouvez utiliser cet effet calmant quand vous vous approchez pour la première fois du poulain. Frottez votre main sur les mamelles, sans toutefois irriter la jument. Les chevaux habitués à recevoir toutes les sortes de caresses ne verront pas d'inconvénient à ce que vous touchiez cette partie du corps même si elle est très sensible à ce moment-là.

Quand le poulain accepte sans problème les caresses légères sur tout le corps, vous pouvez intensifier la chose.

Faites-le quelques heures plus tard, pour ne pas trop embêter le poulain, qui a besoin de se reposer. Quand le poulain est couché, vous pouvez également vous approcher pour le caresser. Vous pouvez, par exemple, lui caresser facilement les jambes quand il est couché. Quand il est debout, ne soulevez les membres du poulain que lorsqu'il a trouvé un bon équilibre général. Tandis qu'en position couchée, vous pouvez caresser jusqu'au sabot et plier délicatement les articulations. Récompensez ensuite le poulain par une caresse de la croupe. Vous verrez qu'en tapotant les paturons, le poulain lèvera presque automatiquement le pied.

L'EXERCICE COMMENCE TÔT !

Pendant les premiers jours de la vie du poulain, il faut avoir passé en revue tout le spectre des caresses et manipulations que le cheval apprendra et gérera au mieux étant adulte.

- Toutes les formes de caresses sur la tête ; manipulation des oreilles, des yeux, des nasaux, et de l'intérieur de la bouche. Pour cela, il faut veiller à ce que la tête soit détendue et baissée.
- Intensifier les caresses sur le reste du corps. Augmenter petit à petit les caresses un peu désagréables. Vous pouvez, par exemple, simuler de soulever un pli de peau pour une piqûre et pincer un peu ce pli avec vos doigts (sans toutefois déclencher de véritable douleur). Vous pouvez aussi caresser lentement le poulain avec une brosse en augmentant la pression. Les caresses sur la région anale sont également importantes. Tous ceux qui ont un jour dû prendre la température d'un cheval se réjouissent d'avoir effectué de telles caresses.
- En parallèle, vous pouvez travailler les réactions d'esquive à la pression en exerçant une brève pression du bout du doigt sur le corps. Il faut le faire aux endroits où plus tard le cheval devra également réagir à une pression, par exemple sur la poitrine, le ventre et les flancs. À d'autres endroits, le cheval ne doit cependant pas réagir par l'esquive à la pression ou au poids. Il convient de travailler ces différentes réactions.

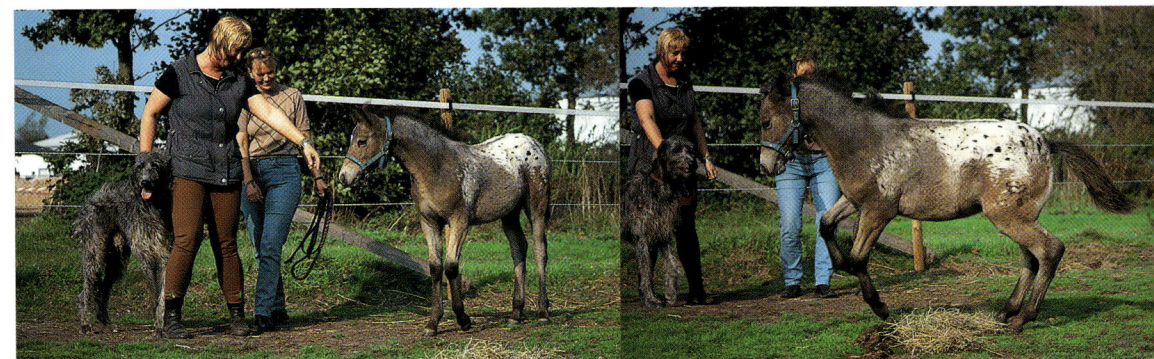

Cette série de photos montre une désensibilisation :
une lente accoutumance à quelque chose de nouveau et
d'éventuellement dangereux.

Le poulain s'approche prudemment...

... et saute pour jouer. Les comportements de jeu
peuvent apparaître chez un animal stressé qui souhaite
trouver une solution pour sortir d'un conflit. C'est ce
que tente ici le poulain. Il n'est pas sûr que la fuite soit
la meilleure solution.

LA COMMUNICATION OUI-NON

LES MOTS DE RÉCOMPENSE S'APPRENNENT AUSSI...

Un signal de récompense doit aussi être appris, afin qu'ultérieurement il puisse atteindre sa cible. Cet apprentissage prend la forme
d'un conditionnement classique : deux signaux sont couplés. Offrez
une friandise à votre cheval ou une brève caresse tout en lui disant
un mot de récompense. En répétant « Bien » de nombreuses fois, le
cheval comprend que ce mot signifie « une récompense (ressource)
est pour bientôt ». Vous pouvez donc l'utiliser seul comme signal de
récompense. N'oubliez pas toutefois qu'il faut à intervalles réguliers
(au moins une fois sur vingt) le combiner à nouveau à une friandise
ou à une caresse.

Dès lors, vous pouvez entrer avec votre cheval dans une communication oui-non, qui signifie : « Oui, ce comportement est souhaité,
et je souhaite qu'il se répète » ou « Non, ce comportement n'est pas
une bonne idée, oublie-le au plus vite. » Le « oui » prend la forme
d'une récompense : mot gentil, friandise, caresse. Le « non » prend
la forme d'une punition au sens large du terme : ignorer, privation de
friandise, mot dur.

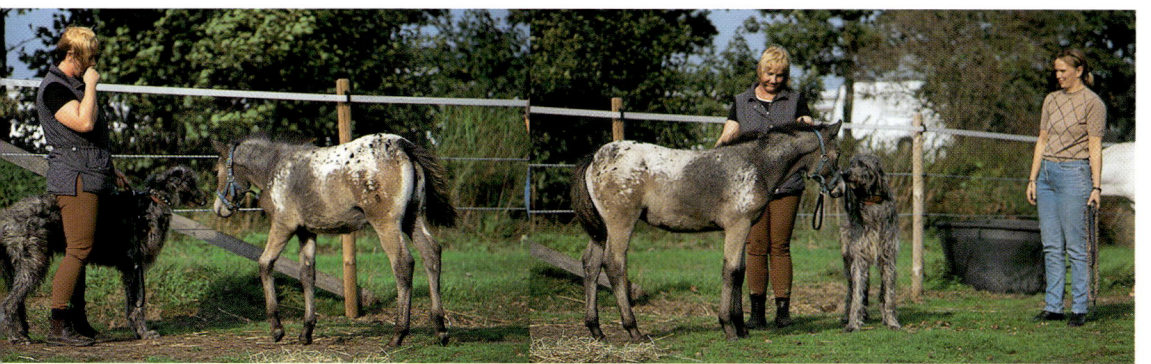

Il s'approche à nouveau en allongeant le cou et se trouve récompensé par la voix. Dans cet exemple, il est important de bien contrôler le chien pour qu'il ne gâche pas l'exercice.

Le poulain et le chien finissent par se renifler. Il ne faut ici exercer aucune pression. Il suffit d'attendre et de récompenser le comportement souhaité au moment où c'est nécessaire.

Il est important que ces exercices d'accoutumance soient pratiqués comme un entraînement à la désensibilisation. Il convient donc d'être prudent. La pression ou l'intensité doivent être augmentées sans que cela se voit, pour que le poulain réagisse au début avec une certaine inquiétude aux choses nouvelles mais qu'il se détende assez vite. Ce dernier comportement doit être récompensé, par une brève caresse ou une friandise, avec à chaque fois un mot d'encouragement. Pour ce genre d'entraînement, il est préférable de répéter souvent de courtes séquences sur une même journée. Un exercice intensif qui durerait une heure ne servirait pas à grand-chose. C'est ainsi que le poulain apprend mieux à envisager l'être humain comme un partenaire social fiable et comme guide lui permettant de s'orienter sans danger.

Déterminez les pressions auxquelles le poulain doit s'habituer et celles qui doivent déclencher chez lui un comportement précis. Plus vous y réfléchirez et plus vous agirez de manière planifiée, plus votre investissement pour l'avenir sera grand.

EXERCICES D'ACCOUTUMANCE

Le cheval doit d'abord s'habituer aux pressions – par exemple le poids supporté par son dos – et ensuite être entraîné à associer ces signaux à des comportements précis. Le mieux est donc d'exercer ces pressions le plus tôt possible en augmentant graduellement leur intensité. Pour ce faire, posez, par exemple, vos mains sur le dos du poulain et accentuez petit à petit la pression grâce au poids de votre corps. Dans le cas d'une personne de taille moyenne, le poulain a une taille idéale. Vous pouvez déjà commencer à imiter le mouvement consistant à monter sur le dos de l'animal. Dans un deuxième temps, vous pouvez tenir un objet en main et le poser ensuite sur le dos du poulain. Cela peut être dans un premier temps un vieil essuie-mains, puis, une fois que le poulain se sera habitué, quelque chose qui fait du bruit (une feuille de plastique) ou un objet rêche (sangle de cuir).

L'accoutumance aux brides et à la longe se fait de la même façon. Là aussi, il faut commencer par une pression en augmentation constante sur les naseaux, le front et la nuque. Peu de temps après, prenez une longe en main et exercez les pressions avec elle en veillant à ce qu'elle pende devant la tête du poulain, pour que celui-ci la voie. Ensuite, vous pouvez commencer à entourer l'encolure et les naseaux avec cette longe et à tirer légèrement dessus. Dans le cadre de cet apprentissage, il apparaîtra peut-être une phase où le poulain reniflera fortement la longe. Il faut alors le récompenser. Il comprend alors que cet objet est sans danger et aussi qu'il est récompensé parce qu'il s'y intéresse. Veillez toujours à ce que sa tête soit portée basse par rapport à ces accessoires. Pour cela, il faut que votre main soit à la bonne hauteur pendant que le poulain les renifle. Parallèlement, essayez de faire prendre diffé-

rentes directions au poulain en fonction de la pression de vos doigts.

Apprendre les impulsions de pression

Toute pression entraîne une réaction.
C'est un principe physique et biologique de base. Il est possible de tirer
profit de ce principe. Appuyez brièvement votre main sur le poitrail du
poulain. Exercez une pression limitée
et ne cherchez pas à faire reculer le
poulain. Celui-ci ne doit pas être
effrayé. Dans la phase terminale de
votre brève pression, vous sentirez que
le poulain exerce une pression contre
votre main. Si votre pression a été
brève, sa réaction pour rétablir son
équilibre sera également minime.
C'est le moment d'exercer à nouveau
une brève pression, puis de récompenser le poulain. Il comprendra alors
qu'il est intéressant pour lui de parer
légèrement à une pression sur le côté,
d'aller dans la direction de l'impulsion
et non de s'y opposer. Cette expérience
d'apprentissage est rapide. Ne vous
attendez pas à un mouvement ample
de la part du poulain. Les mouvements
produits seront minimes mais ils
permettront d'en amener ultérieurement d'autres, plus importants. À ce
moment-là, vous ne récompenserez
que les mouvements amples. Vous
devez avoir deux objectifs en tête.

Exemple d'exercice utile dans l'entraînement intensif d'un
poulain. La personne simule une selle avec son corps. Plus
tard, l'examen des oreilles, le soin des yeux ou la manipulation
des membres seront nettement facilités.

Exemple de désensibilisation par rapport à une corde entou-
rant la tête ou le corps du poulain. Tout comportement calme
sera récompensé.

Ici, les oreilles du poulain suivent la direction de la corde.

1   Nous avons ici un cheval qui
    a été habitué quand il était un
    poulain aux situations quoti-
    diennes de la vie des
    hommes : des groupes
    nombreux, ayant des activités
    diverses.

2   Autre expérience auquel il est
    habitué : le bruit d'un sac
    dans une poubelle.

Essayez d'abord de diminuer la surface de la pression sur
le corps : au lieu d'utiliser par exemple quatre doigts, n'uti-
lisez-en plus qu'un ou deux. Prolongez en même temps
légèrement la pression exercée, mais petit à petit.
En fait, la pression globale doit être la même, c'est-à-dire
courte, mais si vous diminuez la surface de la pression
vous devez compenser en augmentant légèrement la
durée de la pression. Vous observerez que la réaction du
poulain est plus forte qu'auparavant. Pour cela, récompensez-le tout de suite : d'une part en lui donnant, par
exemple, une friandise, d'autre part en arrêtant la pression.
Poursuivez ces exercices jusqu'à ce que la pression du
doigt sur le côté du poitrail ou sous l'encolure aboutisse
uniquement à un mouvement latéral de la part du poulain.
Reprenez ensuite le même exercice sur une autre partie
du corps, par exemple à l'arrière du côté du ventre. N'oubliez pas de continuer à caresser régulièrement l'animal
du plat de la main sur toute la surface du corps. À l'avenir,
le poulain ne devra pas réagir à toutes les pressions exer-
cées sur son corps.

S'habituer à des situations inhabituelles

Parallèlement à ces exercices de contact avec l'être humain, le poulain doit aussi faire l'expérience de tous les aspects de son environnement, qu'il s'agisse de bruits, d'odeurs ou d'impressions optiques de toutes natures. Au début, il n'est pas forcément habitué à monter dans un van. Si sa mère est détendue, l'exercice se fera sans problème.

La liste des situations possibles en dehors du box ou du groupe est quasi infinie : autres animaux, comme les chiens ou les vaches, autres êtres humains, tracteur, balles de foin, balançoires qui grincent, musique, flammes, bruits d'eau, flaques, pont... Il suffit de présenter toutes ces réalités au poulain pour qu'il apprenne à ne pas les craindre. Il est important pour l'avenir de lui faire découvrir tous les aspects possibles du relief et les différentes irrégularités du sol. Il apprendra ainsi très vite à être sûr dans son pas. Un autre aspect qui est souvent négligé est la confrontation avec les changements brusques de luminosité.

En tant qu'animal à instinct de fuite, le cheval n'est pas enclin à pénétrer sans stress dans une cavité sombre.

Autre situation : un chien anxieux aboie sur le cheval en courant autour de lui.

Indépendamment des « situations de van » ciblées, il faut l'habituer en différents endroits à passer du plein soleil à l'ombre épaisse. Le but n'est pas d'apprendre au poulain à se protéger du soleil. Quand un cheval a trop chaud dans son enclos, il cherche naturellement un endroit ombragé. Il s'agit plutôt de l'habiter à un passage brusque entre un environnement à bonne visibilité et un environnement sombre.

Un signal oral est nécessaire pour accompagner l'exercice. Il doit être construit parallèlement, comme dans les exercices précédents. Quand le poulain a déjà appris à faire quelques pas à vos côtés à la suite d'une petite impulsion de la longe, prononcez votre mot lui ordonnant d'avancer (par exemple « VAS-Y ») et récompensez-le au terme de

Il est bien pratique de mener un cheval « par la barbe ».

LE POULAIN APPREND À SE LAISSER GUIDER AVEC UNE LONGE

Là aussi, une secousse soudaine et forte exercée sur la longe entraînerait un recul du poulain et il serait difficile de commencer un apprentissage réussi sur ce genre de base. Attirez plutôt le poulain avec le bras tendu et une friandise dans la main, tout en vous plaçant à côté de sa tête avec une longe courte (ou repliée dans la main). Conjointement à l'approche du poulain, imprimez une brève impulsion à la longe. Les choses suivantes ont lieu en même temps et s'associent dans le cerveau de l'animal : mouvement vers l'avant – impulsion donnée à la longe – relâchement de la pression au cours du pas suivant et possibilité de friandise.

Vous pouvez donner pas à pas la friandise, jusqu'à ce que le poulain comprenne vraiment qu'une impulsion de la longe correspond à une certaine distance et que la récompense n'arrive qu'à la fin du processus. L'impulsion donnée à la longe ne devient alors que le signal pour le début d'un comportement précis. De la même façon, on peut aussi apprendre à un poulain à se faire guider sans longe, simplement avec la main sous la mâchoire, ou même sans contact, avec un simple signal vocal.

l'exercice. Après plusieurs répétitions de cette séquence, essayez de faire avancer le poulain sans donner d'impulsion à la longe, en prononçant seulement le mot « VAS-Y ». Vous remarquerez que le poulain se met presque automatiquement à avancer au signal. Cela est dû au fait que vous avez toujours accompagné cet exercice d'un signal vocal et que le poulain l'a interprété comme un signal fort émanant d'un partenaire social. Vous devez maintenant essayer de donner à votre signal vocal un effet de plus en plus fort tout en diminuant l'intensité de votre langage corporel.

Cela est par exemple également important pour le travail à la longe. Vous pouvez commencer à laisser pendiller un peu plus la longe quand vous marchez à côté du poulain. Augmentez en même temps petit à petit la distance vous séparant du poulain. Arrive maintenant une phase importante, qui aura un effet positif sur toute la vie future du cheval si vous la gérez bien. Quand le poulain se dirige franchement vers vous, tournez-lui le dos et ignorez-le. Le poulain doit apprendre que ses chances de réussite chutent quand il se fonde uniquement sur une impulsion et qu'elles augmentent quand il sait attendre le signal pour profiter des bonnes choses de la vie. C'est pourquoi vous devez dès le départ travailler sur la différence de statut pour qu'il sache que c'est vous qui agissez et contrôlez la situation. Ce faisant, vous améliorez aussi la tolérance à la frustration et au stress. Vous devez éduquer le cheval pour que, d'une part, il vous prenne en considération et que, d'autre part, il montre une certaine curiosité et même de la joie à découvrir des situations nouvelles et à essayer différentes possibilités d'action. Il est important que le poulain n'agisse pas de manière autonome en venant réclamer sa récompense. Il doit attendre que vous le conviiez à le faire. Pour cela, vous devez procéder par étapes successives, comme pour les autres exercices précé-

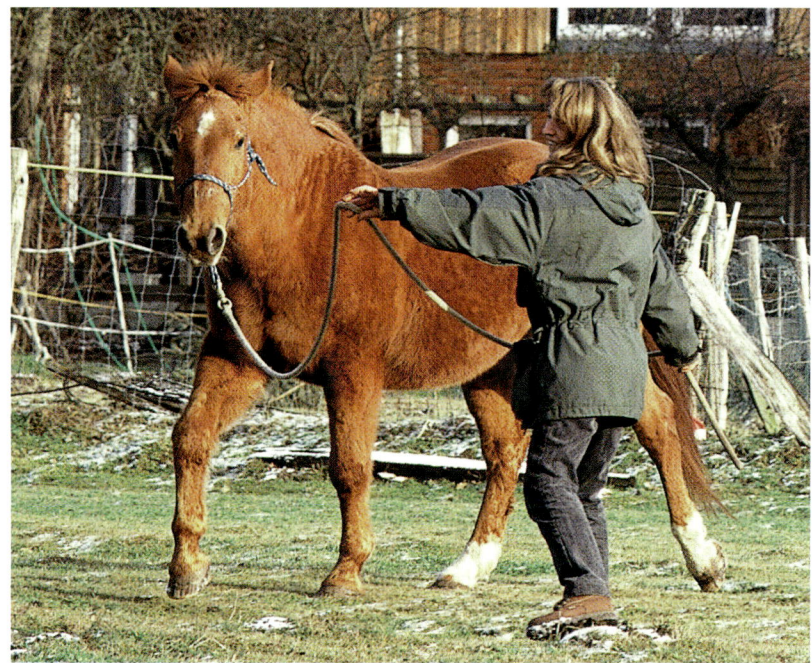

Le maniement de la longe demande aussi des exercices : il faut progresser pas à pas. Augmentez petit à petit les distances et récompensez le comportement souhaité. Quand la distance est courte, vous pouvez vous approcher rapidement pour donner une friandise. Évitez toutefois tout mouvement vif si le cheval vous connaît peu.

demment décrits. Quand il se tourne vers vous pour avoir sa friandise, détournez-vous de lui. Par contre, récompensez-le toujours quand il court à vos côtés tout en conservant une certaine distance, et n'hésitez pas à décrire des courbes. Il apprend à maintenir la distance que vous avez choisie, même si vous ne courez pas en ligne droite. Si vous augmentez la distance, faites-le progressivement. Si vous l'augmentez trop, vous n'aurez peut-être pas le temps de présenter la friandise avec le mot gentil et le poulain rechignera à venir vers vous. Mais si vous le faites très progressivement, un rituel se mettra vite en place : « Le mot gentil me dit que j'ai bien agi et parfois l'être humain vient me donner ce qui compte pour moi (une friandise ou une caresse), mais quand je ne me contrôle plus, il disparaît, et alors je sais que le mieux est de l'attendre. »

Que fait-on quand la mère du poulain a peur des gens ?
Il faut d'abord se dire que le premier responsable de cet
état de fait est l'homme lui-même. Les poulains ne
tombent pas du ciel... la gestation dure de 320 à 360 jours.
Ce temps suffit largement à entamer un programme d'apprentissage et d'accoutumance, qui permettra plus tard
d'établir un contact dénué de stress avec le poulain. Vous
trouverez les conseils appropriés à la fin de cet ouvrage,
dans la partie consacrée aux problèmes de comportement.
D'autre part, il faut se demander s'il est valable d'élever
un cheval anxieux ou éventuellement agressif. Chez un
cheval dont on ne connaît pas l'histoire, il faut se
demander si l'angoisse vient du manque d'éducation ou
d'une mauvaise éducation, ou si elle est en partie génétique. Selon les réponses apportées, il faut déterminer s'il
faut continuer ou non l'élevage. La même chose est valable
pour un cheval ayant un comportement agressif.
Quand une mère anxieuse et/ou agressive a un poulain,
vous pouvez vous dire que vous avez du pain sur la
planche. Exercer une pression sur la jument et/ou déclencher chez elle des comportements angoissés ou agressifs
serait donner un mauvais modèle au poulain. D'un autre
côté, vous devez tout de même agir pour pouvoir approcher le poulain. Dans ce cas, il est important de disposer
d'un grand box pour pouvoir se tenir à distance de la mère

1 Durant la phase de socialisation, le poulain s'éloigne de
   plus en plus souvent et de
   plus en plus longtemps de la
   mère...

2 ... pour retrouver des copains
   de son âge.

pendant le travail avec le poulain. La jument doit être attachée avec une corde afin qu'elle ne puisse pas bloquer le
poulain dans un coin avec son arrière-train. Quand elle
sera attachée, la jument s'énervera peut-être. Il suffit d'attendre paisiblement qu'elle se calme. À ce moment-là, la
curiosité du poulain reprendra le dessus et il essaiera
d'entrer en contact avec vous. Pour bien travailler avec le
poulain, l'idéal est un box possédant en son milieu un
petit mur de séparation ou un passage en barres d'acier
dans lequel le poulain peut aller mais pas la mère (attention aux risques de blessure). Dans cet endroit, vous
pouvez placer des friandises sur les objets tels que des
seaux retournés pour inciter le poulain à quitter sa mère.
Les exercices décrits plus haut, que l'on peut faire avec le
poulain au cours de ses trois premières semaines de vie,
peuvent être pratiqués ici mais ils se feront sur une
période plus longue.

Socialisation et tolérance au stress

En général, la socialisation commence quand le poulain a
trois semaines. Le poulain se met alors à quitter de plus
en plus souvent et de plus en plus longuement la mère
pour faire davantage connaissance avec les autres
membres du troupeau, surtout sous forme de « jeu ».
Certains scientifiques font correspondre la fin de la phase
de socialisation avec le moment du sevrage, d'autres
disent qu'elle se fait entre le quatrième et le cinquième
mois. Quoi qu'il en soit, ce moment constitue une autre
étape importante de l'apprentissage pour l'établissement
de bonnes relations entre l'homme et le cheval.
C'est au cours de cette étape que sont créées les bases
d'une compréhension durable et détendue entre l'homme
et le cheval. Il ne s'agit pas seulement ici d'apprendre à
produire un comportement à la suite d'un ordre, mais
d'intensifier la communication Oui-Non. Vous devez faire

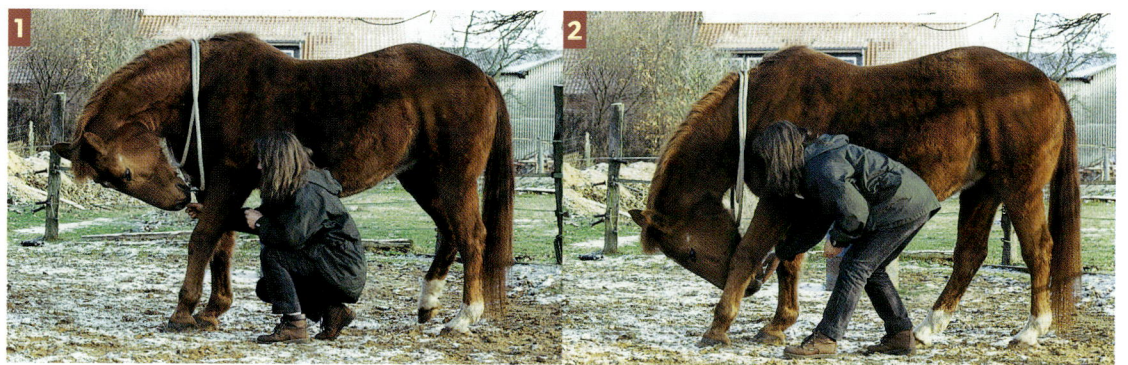

La communication Oui-Non constitue la base de tout apprentissage. Ici, il s'agit du début d'un compliment.

Le compliment + la friandise ne seront donnés que si le cheval produit le comportement souhaité. C'est ainsi qu'il apprendra progressivement à baisser de plus en plus la tête entre les jambes.

en sorte non seulement d'avoir l'accès aux ressources mais aussi la possibilité de les distribuer à votre guise. Vous réussirez mieux cette étape si vous commencez tôt les exercices visant à améliorer la tolérance au stress et à la frustration.

Au cours des mois suivants, ce programme doit être poursuivi en l'associant à l'accoutumance envers tous les facteurs de stress possibles. Je conseille d'établir une petite liste répertoriant ces facteurs. De cette façon, on ne perd pas la vue d'ensemble et on n'oublie rien d'important. Une chose souvent oubliée est l'image que le cheval se fait de l'homme. Les chevaux sont incapables d'aboutir à une représentation générale de l'être humain à partir d'une expérience précise. C'est pourquoi il est important pour le poulain de connaître des types de personnes différents.

Entre eux, les chevaux adoptent aussi une communication Oui-Non. Le sevrage n'est autre qu'un NON émis par la mère en contrepartie d'un OUI dans certaines situations.

Ce cheval vient de recevoir un NON de la part d'un membre de son groupe. On peut voir le stress sur son visage. Les oreilles dressées n'indiquent pas ici une écoute attentive. Les yeux et la bouche montrent son état émotionnel.

L'APPRENTISSAGE DU NON

Il est bon d'avoir également à sa disposition un signal grâce auquel on peut non seulement interrompre un comportement indésirable du cheval à un moment donné mais aussi démarrer une expérience éducative qui, au bout de quelques répétitions, aboutira à la raréfaction de ce mauvais comportement.

Une chose est sûre : un cheval ne renoncera jamais à un comportement simplement parce que son entraîneur lui fait comprendre que cela n'est pas bien. Les règles des relations humaines et les notions morales ne sont pas compréhensibles pour le cheval. Pour le cheval, seul compte le fait qu'un comportement puisse lui être profitable (et dans ce cas, il le produira souvent) ou puisse ne pas l'être (et alors, il le produira plus rarement). Un ordre sous forme de non doit contenir ces informations : « Ce comportement ne t'est pas profitable, là tu commets une erreur. »

Le signal doit donc être travaillé. Il faut provoquer une situation qui entraîne un échec à la suite d'un comportement donné et dire NON en même temps. Vous pouvez, par exemple, présenter une friandise au cheval. Le procédé est le même que pour l'exercice du fouineur de poche, à la différence près qu'on travaillait là sur une situation concrète sans ordre donné. Avec le NON, il faut construire l'ordre, qui pourra ensuite être utilisé pour toutes sortes d'occasions. Posez une friandise sur la paume de votre main et tendez-la sans rien dire au cheval. Le cheval doit être positionné de telle façon qu'il ne puisse pas venir derrière vous (corde, paroi du box). Quand le cheval veut prendre la friandise, retirez la main et dites clairement NON. Quand une certaine distance entre la bouche du cheval et votre main est atteinte (30-40 centimètres), dites-lui un mot du genre BIEN et donnez-lui la friandise. Ce qui est récompensé est la distance avec l'objet convoité (l'échec à atteindre quelque chose de bon) et donc le renoncement à manger. Après quelques répétitions, on peut observer que le cheval lui-même recule la tête lors du NON, ce qui lui vaut la récompense. Il faut pratiquer cet exercice en différents lieux, avec différentes personnes et avec différentes récompenses (friandises dans la main, sur un seau retourné, sur un mur de box, etc.). L'étape suivante serait de commencer l'exercice sans friandise. Vous pouvez, par exemple, laisser le cheval essayer d'atteindre un but (une barrière d'enclos, etc.) puis essayer de

La situation indique ici un NON. Le cheval alezan a été rejeté par le cheval brun et réagit en s'éloignant avec angoisse et en adoptant une légère attitude de menace. L'homme peut aussi faire face à ce genre de risque (comportement menaçant) quand il dit NON au cheval. C'est pourquoi ce signal est un de ceux qui doivent être travaillés avec le plus d'intensité et de calme.

le stopper avec un NON. En agissant ainsi, vous donnez au mot NON un sens général. Quand le sens est bien établi, le NON peut également être utilisé comme mot de punition au sens de renforcement négatif. À la longue, le cheval produira de plus en plus rarement le comportement qui entraîne l'échec.

PRÉVENIR LES PROBLÈMES ET Y REMÉDIER

TROUBLE DU COMPORTEMENT OU PROBLÈME DE COMPORTEMENT ?

Pas de sens moral

Quand les chevaux ne font pas ce qu'ils devraient faire ou ce qu'attend l'entraîneur, c'est d'abord ce dernier qui a un problème et ensuite le cheval. Un cheval qui ne réagit pas comme on s'y attend ou comme on le souhaite ne peut pas être utilisé de la façon prévue par son propriétaire. Si celui-ci a payé plusieurs milliers d'euros pour le cheval, il est en droit d'être contrarié. Il y a peu de temps, le comportement défectueux appelé tic aérophagique était encore considéré comme majeur lors de l'achat d'un cheval.

Aujourd'hui, dans les documents relatifs aux anomalies de comportement du cheval, on trouve le terme de « vice ». Ce terme est évidemment impropre. Les chevaux n'ont pas de vices au sens moral. Ils réagissent avec leur schéma de comportement inné et les éléments comportementaux de leur environnement. Leur objectif principal est toujours l'optimisation de leur condition physique... ce qui n'est pas condamnable. Par le mot « vice », nous nous représentons souvent un comportement dont le cheval est responsable, avec tous les aspects éthiques que cela implique. Cela aboutit malheureusement à une simplification du problème : si le cheval est responsable de son comportement, il est inutile de songer à des solutions thérapeutiques.

Ce dilemme a parfois des conséquences néfastes pour l'animal. Il se trouve puni pour des actions qui, du point de vue de l'homme, sont malintentionnées. Ces punitions ont pour but de lui faire comprendre qu'il a mal agi. Mais cette logique ne fait que renforcer le problème, car le cheval n'a de facto aucune compréhension de ce qui est bien ou mal. On entre alors dans un cercle vicieux.

Paroi du box d'un cheval aérophagique

Le cheval aérophagique. Sur cette petite photo, on voit très bien que le cheval vit isolé du reste du monde.

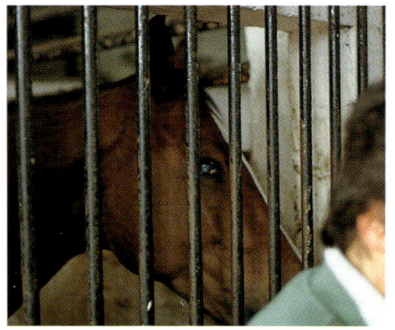

Ici, on voit un facteur de stress qui a certainement favorisé la stéréotypie de ce cheval : un œil est aveugle.

Il existe peu de chiffres ou de statistiques indiquant le nombre de chevaux présentant des problèmes. Cela est sûrement dû au fait que les comportements indésirables affectent les propriétaires et qu'ils essaient souvent de les résoudre secrètement. Il faut cependant savoir que le pourcentage de chevaux présentant des « problèmes sérieux » est assez élevé. Une enquête réalisée en France en 1999 indique les raisons pour lesquelles les propriétaires amènent leurs animaux à l'abattoir. Il y avait, d'une part, les chevaux qui avaient chuté dans une course ou qui n'étaient plus en mesure de courir et, d'autre part, les chevaux venant du domaine privé. 66,4 % de ces derniers, âgés de deux à sept ans, étaient abattus pour raison de « comportement indésirable ». Les propriétaires avaient tendance à appeler « comportement problématique » tous les comportements qui ne leur plaisaient pas.

Les spécialistes du comportement font la distinction entre « problème de comportement » et « trouble du comportement ». De nombreux aspects du comportement d'un cheval peuvent poser problème mais dans la plupart des cas il ne s'agit que d'éléments faisant partie du répertoire normal du comportement animal. L'ennui est que du point de vue de l'homme ils peuvent se produire au mauvais endroit, au mauvais moment ou encore d'une façon qui n'est pas souhaitable. Le concept de « trouble du comportement » est quant à lui cliniquement défini. Il correspond à un comportement ne faisant pas partie du répertoire normal de l'animal. Un cheval volant serait par exemple un cheval ayant des troubles du comportement. En fait, les troubles du comportement sont assez rares.

Troubles comportementaux graves et mortels

On remarque assez souvent le phénomène suivant : on voit des comportements qui appartiennent au répertoire normal du cheval mais que le cheval utilise d'une manière telle qu'à la longue ils peuvent influencer sérieusement sa condition physique et lui être très néfastes, voire le faire mourir.

Les stéréotypies telles que le tic aérophagique, le balancement, le cognement de tête, etc. sont de véritables troubles du comportement.

Quand un cheval produit un balancement ou un tic aérophagique au point que son rythme de sommeil s'en trouve affecté, qu'il n'a presque plus de contacts sociaux et qu'il ne peut presque plus s'alimenter, il finira par tomber malade, dépérira et mourra si le propriétaire n'agit pas. Mais même au début, quand le cheval ne produit pas ces comportements de façon permanente, on peut déjà parler de trouble comportemental à surveiller de près s'il le fait avec une certaine régularité, dans des situations précises et/ou à des endroits déterminés.

LA STRATÉGIE DU « COPING »

Les véritables troubles du comportement naissent la plupart du temps d'un état de stress plus ou moins prononcé. Le cheval produit le comportement en question sous forme de stratégie de « coping », pour résoudre un problème et soulager son état de stress ou d'excitation. Ce trouble sert en quelque sorte de valve pour évacuer son stress. Mais le plus souvent il ne trouve qu'un soulagement temporaire, la raison du déclenchement du comportement est toujours là (et le stress devient chronique).

Si le soulagement correspond à une récompense (il se sent momentanément mieux), et amène éventuellement une récompense externe, le cheval produira de plus en plus souvent ce comportement car il correspond pour lui à une auto-récompense. C'est la route toute tracée vers le rituel. La stéréotypie n'est pas loin.

La plupart des troubles comportementaux naissent de petits problèmes de comportement. La frontière entre le problème de comportement et le trouble du comportement n'est jamais bien définie.

Une chose est sûre : les chevaux n'apprennent pas les stéréotypies en les observant chez les autres et en les imitant. Si plusieurs chevaux d'un même élevage produisent ce type de comportement, la cause est toujours la même : le stress. Chaque animal le produit indépendamment des autres chevaux de son entourage.

La stéréotypie appelée « balancement » mérite un éclairage particulier. Elle nous servira d'exemple pour expliquer comment un cheval développe une stéréotypie. Le balancement peut démarrer à partir d'un état d'excitation, par exemple à l'approche d'un repas. L'ennui peut également être un facteur important de stress ou un déclencheur d'angoisse, au même niveau que la douleur. Les facteurs de

Les stéréotypies apparaissent rarement si les contacts sociaux sont satisfaisants et si les chevaux disposent d'espace et de liberté.

stress sont bien sûr qualitativement différents. Le facteur potentiel agit aussi en fonction des individus, mais fondamentalement l'ennui peut déclencher une réaction physiologique de stress. À l'écurie, certains chevaux sont plus stressés que d'autres. L'arrivée de nourriture produit un changement bienvenu et peut déclencher une légère excitation.

Entre le « stress de fond » et l'excitation, certains chevaux s'agitent plus que de raison... et c'est le début d'un engrenage. Le fait de s'agiter un peu est toujours une bonne chose quand on est stressé et constitue en soi une récompense. De plus vient une récompense extérieure : la nourriture qui va sous peu tomber dans l'auge. Parfois, d'autres renforcements entrent en jeu, par exemple l'attention de l'entraîneur qui gronde peut-être ou qui cherche à calmer le cheval. Dès lors, on peut très vite entrer dans un cercle vicieux.

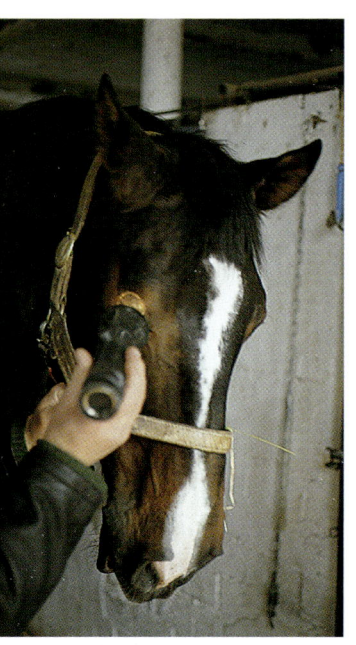

Pour chaque thérapie de comportement, le vétérinaire doit procéder à un examen complet de l'animal.

Le problème dans ce genre de développement est qu'au début l'homme prend les choses à la légère. Il ne remarque parfois même pas qu'il y a un problème. Ce n'est qu'à un stade ultérieur, au moment où le rituel est déjà bien établi et la stéréotypie engagée, qu'il s'en souciera. À ce moment, les causes premières du balancement auront peut-être disparu. Il peut arriver qu'un nouveau propriétaire offre au cheval des conditions optimales mais que celui-ci continue malgré tout à produire ce comportement, parce qu'il correspond à un « comportement d'auto-récompense ».

Dans la nature, les chevaux sauvages n'ont jamais de stéréotypies. À moins qu'on ne les observe jamais assez longuement pour les déceler, mais c'est peu probable. Il est certain que ces animaux n'ont pas besoin de stratégie de coping, comme c'est le cas pour les chevaux d'élevage. Chez d'autres espèces (notamment certaines espèces d'oiseaux et de rongeurs), et aussi certaines races de chiens, on sait qu'il existe au sein de certaines lignées une prédisposition génétique à l'apparition de stéréotypies. Cela signifie que les animaux appartenant à ces lignées ont plus de risque de contracter une stéréotypie à un moment ou à un autre s'ils vivent dans de mauvaises conditions que les animaux d'autres lignées.

Pour les chevaux, aucune étude d'ampleur n'a été réalisée, mais on suppose qu'il existe aussi des lignées prédisposées aux stéréotypies. N'oubliez jamais que les stéréotypies ont toujours plusieurs causes (génétiques et environnementales). Si les conditions de vie sont très défavorables, il se peut que des animaux ne provenant pas de lignées à risque contractent un tic aérophagique ou une autre stéréotypie. Inversement, un cheval issu d'une lignée à risque peut ne jamais contracter de stéréotypie parce que ses conditions de vie sont optimales. C'est pourquoi il est difficile d'identifier les lignées à risque. Dans cette situation de doute, le plus important à faire est d'assurer le bien-être physique et psychologique de votre animal, afin de lui épargner le maximum de stress.

Que faire quand un cheval souffre d'un trouble du comportement ? Tout d'abord, le propriétaire ne doit pas essayer de résoudre seul le problème. Il doit absolument faire appel à un vétérinaire spécialisé, lequel doit être mis au courant de l'historique des symptômes. Une auscultation complète de l'animal doit être entreprise. La médication est parfois nécessaire. C'est souvent grâce aux médicaments que l'on peut par la suite entamer une thérapie comportementale. Les préparations préconisées sont plus de type naturel (acupuncture, préparations homéopathiques, plantes médicinales) que classique.

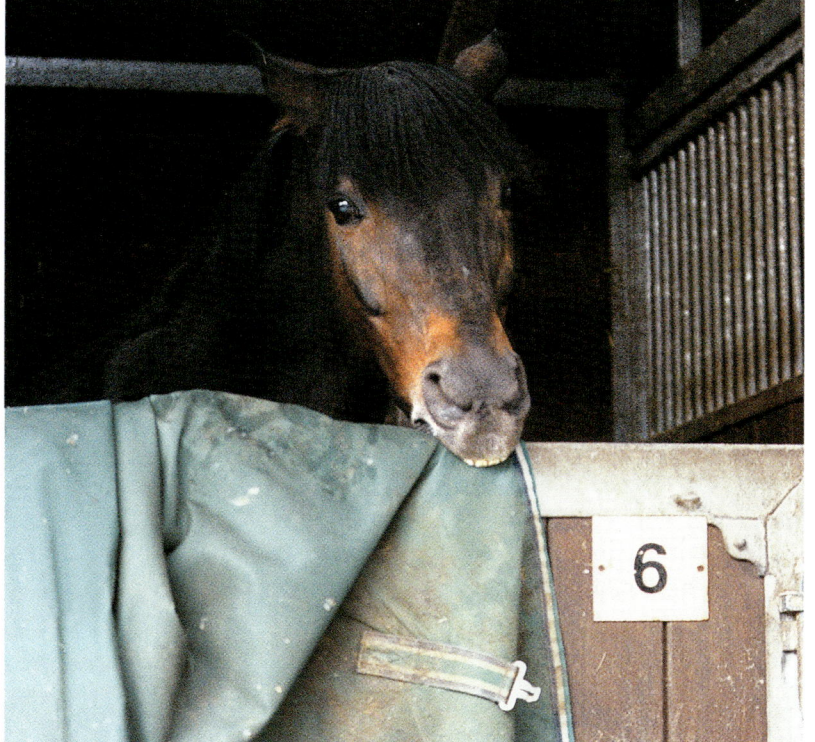

Ce cheval ne souffre pas de tic aérophagique mais il faut savoir que l'ennui et le stress sont souvent au départ de cette stéréotypie. C'est le stress qui pousse le cheval à mordre ce qu'il y a devant lui (ici, une bâche). L'entraîneur y est sûrement pour quelque chose et le comportement du cheval aboutit à un soulagement passager. C'est ainsi que peut démarrer une stéréotypie. Il ne faut jamais oublier cela quand on essaie de résoudre un problème de comportement indésirable. Un cheval ne doit jamais être stressé par un NON ou le fait qu'on l'ignore, au point de produire le comportement. Si la chose se produit, l'éducation doit être ralentie et répartie en étapes plus réduites. Il serait indiqué de commencer par récompenser les brefs moments où la tête du cheval est calme ou de travailler à un endroit où le problème comportemental est moins prononcé.

PRÉVENIR LES STÉRÉOTYPIES

Parmi tout ce que vous venez de lire sur le comportement normal du cheval, de nombreuses informations peuvent vous permettre de prévenir les stéréotypies. Si le dressage est fait dans les règles de l'art, s'il y a eu un apprentissage adéquat à la tolérance au stress et à la frustration... vous n'aurez jamais à utiliser le mot stéréotypie.

On qualifie parfois l'ennui de « mortel ». Si cette expression n'est pas à prendre au pied de la lettre, il n'en reste pas moins vrai que l'ennui est une réalité dangereuse. Les chevaux sont des animaux toujours occupés à quelque chose... quand ils vivent de la façon que la nature a prévue pour eux. Pour se nourrir, ils se déplacent lentement (un maximum de 10 km par jour) et passent 80 % de la journée, ainsi que 60 % de la nuit, à manger. Entre-temps, ils communiquent avec leurs partenaires et certains ont pour mission de repérer les ennemis potentiels. L'ennui naît principalement dans l'exiguïté des box, où les possibilités de mouvement sont réduites. Il n'est donc pas étonnant que les chevaux élevés en box souffrent plus de stéréotypies que ceux en élevage extensif. S'il atteint une

Ne pas utiliser la contrainte

N'essayez pas de contraindre le cheval à abandonner ses comportements indésirables. Vous ne ferez que créer un stress, qui aggravera la stéréotypie. Les « sangles anti-aérophagiques » ou les « opérations anti-aérophagiques » sont le fait d'une certaine démission de la part de l'éleveur.

Doter les écuries de fenêtres peut offrir une distraction aux chevaux. Ici, elles donnent directement sur l'enclos.

certaine ampleur, l'ennui engendre du stress. Toute créature vivante sait qu'un certain niveau de stress peut être néfaste. Pour un animal qui prend la fuite quand il est face à un prédateur, comme le cheval, de telles stratégies naturelles seraient des modèles de comportement. Un cheval qui vit en box ne peut naturellement pas s'enfuir. Alors, il trouve d'autres solutions pour les « stratégies de survie » associées à la prise de nourriture, comme le tic aérophagique. Les schémas de comportement tels que le balancement font partie du domaine de la locomotion. Pour qu'un cheval ne s'ennuie pas, il faut lui donner la possibilité de s'occuper. La meilleure occupation pour lui est évidemment de courir dans le pré ou l'enclos. Là où ce n'est pas possible, il convient au moins d'avoir des parois de box relativement basses, qui permettent un contact avec les chevaux voisins. Il faut aussi lui faire faire des exercices variés au cours de la journée. Les chevaux doivent pouvoir s'entendre, se voir et se sentir et doivent aussi avoir la possibilité de contacts physiques directs, au minimum avec la tête. Il faut toutefois préciser qu'il n'est pas judicieux de mettre côte à côte deux chevaux qui ne s'entendent pas bien. Quand un cheval cherche en permanence à agresser son voisin, tout en conservant une grande distance par rapport à lui, les deux doivent être séparés par une paroi solide. Mais cela ne les empêchera pas de vivre une vie stressante. Vous pouvez essayer certains objets de jeu, comme l'Équiball, mais au bout de quelques semaines l'ennui risque de revenir. Des accessoires simples, comme un râtelier aux barreaux très rapprochés obligeant le cheval à ne prendre qu'une infime portion de foin à la fois, correspondent plus à ce que le cheval vit dans la nature. Il faut savoir qu'une même activité répétée peut créer de l'ennui. C'est pourquoi il faut sans cesse varier les exercices et proposer de nouvelles choses au cheval (sans toutefois trop l'accaparer).

Les chevaux sont très curieux. Il est important de leur donner l'opportunité de découvrir de nouveaux objets.

COMPORTEMENTS DÉFICIENTS

Des comportements consistant à « gigoter en tous sens », « se coller » à un autre cheval, présenter l'arrière-train aux gens, baisser les oreilles en cas de contact, piaffer dans le box, ne pas se laisser attraper ou monter, ou ne pas se conduire de façon adéquate sous la selle, sont plutôt considérés par la plupart des propriétaires comme des signes d'une « éducation déficiente » que comme des problèmes de comportement. Les comportements agressifs avec mimique menaçante ou la crainte sont plutôt vus comme des problèmes de comportement. En général, les gens attribuent ce type d'attitude à la « volonté de domination » du cheval.

Pour les problèmes de ce genre, la notion de hiérarchie constitue rarement le facteur principal et/ou déclenchant. Le plus souvent, c'est le propriétaire du cheval qui a sans le savoir intensifié un comportement indésirable. Cela dit, la différence de statut en faveur de l'homme joue ici un rôle car le partenaire de rang inférieur tend à vouloir assumer un rang supérieur. L'homme a tout intérêt à se présenter comme celui qui agit et contrôle, car cela lui permet de prendre de bonnes mesures éducatives. Nous reviendrons plus tard sur les détails.

Si vous avez bien appris à votre cheval à intégrer le NON (voir p. 150), vous pouvez utiliser cet atout pour le désensibiliser par rapport à un élément déclencheur d'angoisse. Le comportement indésirable doit être contré par un NON au moment où il se produit. Il est important que ce NON soit de grande qualité, ce qui veut dire que le cheval doit immédiatement interrompre son comportement. Pour cela, il doit être récompensé. Il faut en outre que le signal soit rapide et apparaisse à chaque occurrence du comportement indésirable.

La bonne attitude

Si vous prêtez trop d'attention à votre cheval quand il produit un comportement indésirable, vous ne ferez que l'encourager à recommencer. Il est préférable de punir (au sens large du terme) le mauvais comportement en l'ignorant ou en émettant un NON, si celui-ci a bien été appris.

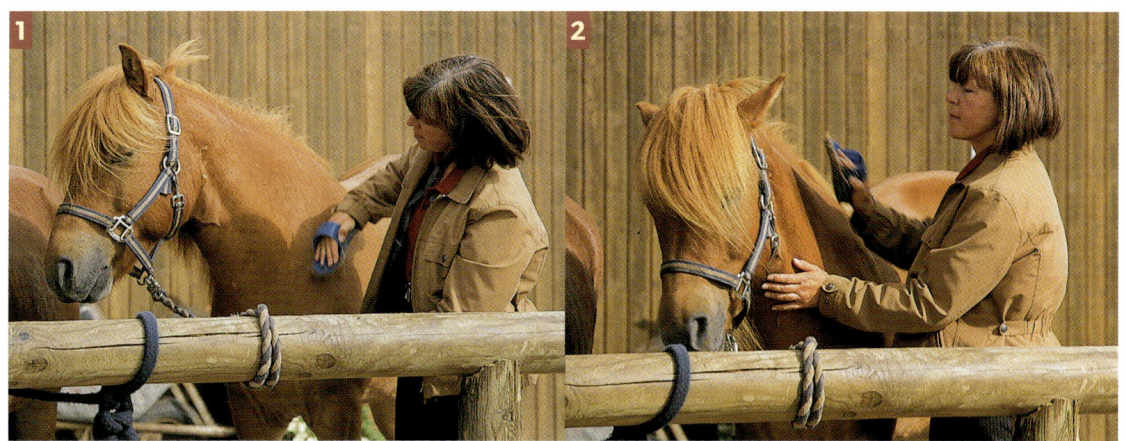

Les raisons pour cela seront expliquées plus tard. Si le cheval aboutit au comportement souhaité sans le NON (ce qui veut dire qu'il renonce à son comportement indésirable), il doit aussi être récompensé.

Dans l'écurie, le cheval gigote

Ce genre d'attitude est pénible et peut parfois être dangereux : selon les circonstances, le cheval peut se blesser, mais également blesser d'autres chevaux ou des personnes. Ce genre de problème apparaît la plupart du temps chez les chevaux ayant un grand besoin de bouger ou une grande curiosité mais également chez ceux qui sont facilement excitables ou angoissés. Ce comportement se produit parce que (du point de vue du cheval) il se trouve récompensé. Très souvent, en effet, l'entraîneur s'approche du cheval qui gigote (pour le calmer ou le punir). Ce genre de scène s'observe tous les jours dans les élevages.

Là aussi, il convient de dire que la réaction du cheval aux gestes d'apaisement ou à la punition n'a pas de réelle valeur d'apprentissage. Si vous jouez tous les jours à ce petit jeu, vous ne réussirez pas à corriger votre cheval.

1 Travaillez par petites étapes : ignorez les comportements indésirables et récompensez les comportements souhaités. Un NON bien compris par le cheval sera un plus.

2 Ici, c'est le fait d'écarter la tête qui signifie NON. Le cheval se tourne à nouveau vers la femme et reçoit une petite caresse en guise de récompense. La direction des oreilles indique toutefois une petite montée du stress, que l'ensemble de la situation a brièvement créé.

Quand un cheval a « bien appris » à mordre, il convient de se protéger. Sur la photo, on voit que le comportement indésirable est renforcé par l'être humain. Sans s'en rendre compte, beaucoup de gens réagissent de cette façon : ils veulent dire au cheval qu'il ne doit pas se comporter ainsi mais aboutissent au résultat inverse.

Programme d'apprentissage

Le maître mot est ici la sécurité. Il serait stupide d'être blessé. Une fois les précautions prises, le mieux est d'ignorer les agissements du cheval. Éloignez-vous simplement de lui (vite et sans parler) la prochaine fois qu'il fait des siennes. Gagnez un endroit où vous pouvez l'observer sans qu'il vous voie. Faites preuve de patience (au début, cela peut durer longtemps) et ne revenez vers lui avec un mot de félicitation que s'il s'est calmé. S'il recommence à gigoter, éloignez-vous à nouveau de la même façon. Le cheval finira par comprendre que le fait de gigoter est synonyme d'échec. S'il comprend en même temps que le fait de rester calme aboutit à une récompense, le processus d'apprentissage ira plus vite que vous ne le pensez. Il est important que le cheval ne soit récompensé pour son attitude indésirable par aucun autre élément de son environnement. Par exemple, il ne faut pas qu'il y ait un voisin spectateur, que ce soit un cheval ou une personne. Ce genre d'exercice n'est pas conseillé pour un cheval facilement excitable, dont les réactions peuvent être très vives. Choisissez le moment et la situation générale où le comportement indésirable apparaît tout en veillant à ce que le niveau d'excitabilité soit bas. Il est toujours indiqué de proposer au cheval des activités variées, qui ne lui pèsent pas trop psychiquement. Cela implique que d'autres éléments/aspects de la communication entre l'homme et le cheval soient essayés. Le changement est toujours payant. La répétition des mêmes exercices ou une insistance trop forte sur un même signal engendreront de l'ennui. Quand l'ennui apparaît, le cheval est moins performant pour accomplir les séquences d'apprentissage. À partir d'un certain stade du processus d'apprentissage, il ne faut plus procéder que par petites étapes. Dans ces situations, ce ne sont pas seulement la patience et la tolérance à la frustration du cavalier qui sont sollicitées mais aussi celles du cheval. Si le cerveau est appelé à travailler dans une direction différente, et ce de façon rationnelle, le stress sera beaucoup moins important (si le cheval montre encore à ce moment-là un état de stress, c'est qu'il est trop sollicité).

Un excellent exercice dans ce cas est « la conduite au sol ». Le cheval se concentre sur des ordres donnés par le cavalier et devient donc plus attentif aux autres signaux. Mais ce faisant, le cavalier doit mettre l'accent sur certaines tâches à accomplir par le cheval et le surveiller sous un certain angle, au sens véritable du terme, avec les inconvénients déjà évoqués.

Mauvaises habitudes dans le box

Si le cheval vous présente son arrière-train ou s'il couche les oreilles en s'approchant, la raison est à trouver dans la sphère « angoisse/insécurité/stress ». Le phénomène des oreilles baissées est souvent associé à la prise de nourriture. Le cheval craint alors la concurrence de ses voisins de box (la peur que la nourriture lui échappe) ou a peur

Apprendre en jouant !

Libérez-vous de l'idée selon laquelle le « travail » avec le cheval doit nécessairement avoir un but utilitaire. Le travail au sol et les jeux peuvent détendre le cheval et le rendre plus réceptif pour les exercices de dressage proprement dit. Le fait de jouer au sol à « épaule dedans » avec le poulain facilitera ultérieurement les exercices d'équitation.

d'être servi trop tard et en quantité insuffisante. À cela peuvent s'ajouter des éléments de statut, qui augmentent le stress dans de telles situations. L'accès à la nourriture avant le cheval du box d'à côté peut être important. Quand la nourriture est distribuée selon l'ordre logique des box, cela peut stresser le cheval qui considère qu'il devrait être servi avant ou après tel autre. Quand le cheval couche ses oreilles (« menace au sens le plus large »), c'est qu'il va choisir de se confronter soit à la concurrence soit au facteur de stress pour faire entendre sa voix. La concurrence doit alors s'écarter, ce qui n'est évidemment pas possible dans les box. La progression de tels problèmes est insidieuse et peu voyante. Et très souvent le cheval se trouve récompensé : on continue à lui apporter de la nourriture, même quand il est menaçant. À cela s'ajoutent d'autres récompenses : l'homme réagit en le grondant ou en essayant de le calmer, et les voisins de box réagissent éventuellement aussi.

Quand un cheval vous tourne le dos, il y a plusieurs raisons possibles. La plus désagréable (pour l'homme comme pour le cheval) est que le cheval a peur de son cavalier et en a conclu que la meilleure défense était l'attaque. Quand le cheval se retourne, il peut très vite vous

Ce n'est pas seulement un exercice contre l'ennui mais aussi une manière de travailler les problèmes d'angoisse du cheval vis-à-vis de l'homme ou de différence de statut.

En effectuant ce genre de petit jeu, vous pourrez travailler de façon plus détendue et amicale avec votre cheval. L'animal peut ainsi apprendre à mieux connaître son partenaire de communication qu'est l'être humain et à privilégier les interactions sociales qu'il a avec lui.

« présenter l'arrière-train » et le danger est grand qu'il rue. Quand il agit avec ce type d'agressivité, c'est parfois pour des raisons territoriales (défense de son box). Là aussi, c'est principalement l'angoisse qui est en jeu. Un cheval qui serait davantage sûr de lui commencerait par menacer avec la tête et les membres antérieurs. Le danger potentiel est d'autant plus grand s'il vient d'un cheval qui a déjà eu recours à des attitudes agressives ayant abouti. Un tel cheval sera plus prompt à passer à l'offensive. Dans de tels cas d'agressivité, il faut renoncer à des exercices de correction. Comme dans le cas des stéréotypies, faites venir un spécialiste qui pourra apporter des solutions concrètes.

Dans ce genre de cas, le risque potentiel est en général trop grand pour donner au lecteur des conseils généraux. Moins dramatique est le cas du cheval qui se détourne de vous parce qu'il « n'a pas envie de travailler » ou qu'il a peur de quitter son box, sans qu'il ait pour autant une véritable peur des gens. Quand le cheval montre peu d'ardeur à travailler, il est important de déterminer les activités qui le motivent (friandises, mise en pâture, contact social avec l'homme). Il faut lui montrer clairement, à force de répétitions, que ce que vous voulez entraîne une récompense et

1-3 Le cheval voit l'objet. L'approche est récompensée et encouragée. L'approche avec la bouche puis la prise de l'objet sont récompensées. En tirant légèrement sur l'objet, on force l'animal à le saisir vraiment.

4 Et on termine par un porteur de sacoche !

que le reste n'en entraîne aucune. Pour résoudre ce genre de problème, les exercices les plus importants sont de faire venir le cheval en l'appelant, de le faire avancer en le contrôlant et d'utiliser la longe, ainsi que la bride pour l'amener hors de son box.

Programme d'apprentissage « Oreilles couchées au moment du repas »

Pour que ces exercices fonctionnent et aboutissent à un résultat positif, il faut renoncer à récompenser les comportements indésirables. Voici les étapes d'un apprentissage (dans la pratique, il doit être légèrement adapté à chaque cheval) :

1. Commencez par cerner le problème. Quand le cheval commence-t-il à se montrer menaçant ? Quand il entend le chariot de rations arriver, quand un autre cheval bien précis reçoit sa ration ? La menace s'adresse-t-elle à un cheval en particulier ? Parfois, il suffit d'échanger la place de deux chevaux ou de commencer la distribution dans le sens inverse.

2. Si le comportement est déjà bien ancré et ritualisé, la mesure 1 ne suffit pas. Ici, il faut déterminer avec exactitude le moment où commence la menace et si elle se produit également quand une simple friandise est offerte. Si le cheval n'est pas seulement menaçant au moment des repas mais aussi quand une friandise est proposée, ce sera plus simple pour l'apprentissage. Au début, vous pourrez travailler seul avec lui, sans la présence d'autres chevaux. S'il n'est menaçant qu'en présence d'autres chevaux, tirez-en naturellement les conséquences.

3. Approchez-vous du cheval avec une friandise ou un seau de nourriture. Quand la menace commence, détournez-vous sans dire un mot, puis revenez. Faites-le plusieurs fois, jusqu'à ce que vous remarquiez que le

Liberté de choix

Souvent, on craint de corrompre le cheval en essayant de le faire sortir du box à l'aide d'une friandise. Ce n'est pas le cas. Vous placez alors le cheval devant un choix : soit il fait ce que vous souhaitez et optimise ses aptitudes individuelles, soit il se retrouve le bec dans l'eau. Offrez-lui une nouvelle chance trois minutes plus tard. Il aura à nouveau la possibilité entre la réussite ou l'échec. Faites en sorte de montrer au cheval que le résultat vous laisse indifférent. Vous êtes le chef et cela implique de prendre les choses avec une certaine distance.

Le cheval a en général une raison pour tourner le dos à l'homme. Une approche vive comme celle-ci peut être effectuée en sens inverse.

cheval retarde de plus en plus sa menace (ce qui veut dire que vous pouvez vous approcher de plus en plus près). Si la distance de départ correspondant à la menace a été diminuée d'un pas ou deux, c'est un résultat encourageant.

4. Restez à cette distance et récompensez oralement le cheval. De plus, lancez une friandise (un gros morceau de carotte) dans la mangeoire ou le box, quand la distance le permet. Si vous êtes trop éloigné, contentez-vous d'une récompense orale et essayez d'approcher davantage. Si le cheval continue à menacer, éloignez-vous aussitôt avec la nourriture.

5. Répétez cet exercice jusqu'à ce que vous puissiez vous approcher à n'importe quel moment de votre cheval avec un seau plein sans qu'il vous menace. Tandis que

vous approchez avec votre seau, poussez également le chariot de rations afin que le cheval apprenne aussi à attendre ce bruit de fond. Le déroulement de l'exercice est le même : éloignez-vous en silence s'il y a menace et récompensez le cheval quand il est détendu.

6. Si vous avez fait ces exercices en l'absence des autres chevaux de l'écurie, refaites-les en leur présence.

7. On en arrive maintenant aux heures habituelles des repas. Faites l'exercice en temps réel avec votre seau en main. Au bout de quelques jours, ne prenez plus de seau, mais une simple friandise, que vous donnerez pour récompenser le comportement détendu. Si à ce moment-là, le cheval a de nouveau un comportement menaçant, c'est que vous avez été trop rapide dans les étapes précédentes. Recommencez au stade où l'erreur a été commise et passez-y un peu plus de temps. Souvenez-vous que la menace ne doit pas être récompensée : passez devant le box avec le chariot de rations et détournez le regard.

Ce genre de séquence est un travail de longue haleine mais il a des avantages sur les punitions. Quand vous recourez aux punitions, vous prenez le risque de les transformer en récompenses aux yeux du cheval. (La punition est malheureusement une forme d'attention. Quand le comportement indésirable est très important pour le cheval, il peut y renoncer brièvement, mais il y reviendra peu de temps après.)

Faire disparaître un comportement par le biais de punitions demande des exercices répétés très régulièrement pour que le cheval n'oublie pas le sens de la leçon. Les exercices que nous venons de décrire demandent moins temps qu'il n'y paraît. En un à deux mois d'exercices quotidiens, il est possible d'aboutir à des résultats satisfaisants.

Les chevaux « se collent » les uns aux autres

Par le terme « coller », nous voulons dire qu'un cheval ne veut plus se séparer de son groupe et/ou de son territoire de base (box, écurie, enclos). En général, le cavalier ou l'entraîneur a beaucoup de mal à l'en déloger. Le refus du cheval peut être total et occasionner des accidents corporels, aussi bien pour lui que pour l'homme. Pour résoudre ce genre de problème, il est important de se demander pourquoi il agit ainsi. Le cheval ne « colle » pas parce que ça l'amuse ou parce qu'il veut systématiquement contrarier ceux qui s'occupent de lui. La cause se trouve dans le comportement normal du cheval en tant qu'animal social et animal doté de l'instinct de fuite. Se séparer de son groupe ou quitter le territoire de base peut donc présenter un grand danger.

En 4 000 ans de domestication, cette peur n'a pas disparu. En général, les chevaux anxieux recourent plus que les autres à ce genre d'attitude. Quand un cheval n'a pas suffisamment appris qu'il peut faire confiance aux hommes ou s'il a fait l'expérience des dangers du monde, il va « coller ». Souvent, ces chevaux ont connu une expérience négative la première fois où ils sont passés d'un endroit qu'ils connaissaient à un endroit inconnu. Ils ont été punis par leur crainte et leur prudence et pensent par la suite que l'éloignement du groupe se traduit toujours par du stress et de la douleur.

Toute tentative pour résoudre ce problème par la force renforcera cette attitude. Les chevaux peuvent également « coller » quand ils ont un lien très proche avec un des membres du groupe. De telles amitiés peuvent être si fortes que l'un ne se déplace jamais sans l'autre, même s'il ne semble pas y avoir d'angoisse quand ils se séparent. Même les chevaux peu anxieux de nature peuvent « coller » de cette façon. La solution passe alors par un processus de désensibilisation, associé à un signal de

Deux chevaux dans l'enclos. L'approche de l'homme sera vécue dans un climat de légère tension.

rappel bien appris et à un signal pour aller de l'avant. Ce type d'ordre, s'il est bien intégré par le cheval, aura d'excellents résultats.

Le cheval donne un coup de pied vers l'avant ou gratte

Les chevaux peuvent donner des coups de pied aussi bien avec leurs membres antérieurs que postérieurs. Si le fait de ruer vers l'arrière appartient aux comportements agressifs, le coup de pied en avant est aussi utilisé pour « découvrir des objets ». Quand il rue, le cheval veut chasser un ennemi ou un adversaire. À l'intérieur du groupe, ce geste peut signifier une attitude de menace. Dans ce cas, le coup n'est pas vraiment porté. Le coup de pied avant peut être menaçant et servir à repousser des adversaires. Mais il peut aussi servir à découvrir des objets ou l'état d'un sol. Il a également parfois un contenu

Le pas espagnol se développe à partir d'une progression vers l'avant un peu menaçante. Pour corriger un cheval qui donne des coups de pied, on peut agir comme si on procédait à un exercice de dressage. Favorisez une situation où le cheval donne un coup de pied (en y prenant garde !). Quand il produit le geste, émettez un ordre et récompensez-le. Recommencez l'exercice jusqu'à ce que le geste se déclenche automatiquement à votre ordre. Vous pouvez désormais travailler plus en profondeur le pas espagnol.

ludique. À l'encontre d'un partenaire social (cheval, homme), ce geste peut être un signe de frustration (ou d'ennui), qui peut avoir un contenu agressif : le coup n'est pas dirigé vers le sol mais vers un autre être vivant. Pour ce type de problème de comportement, il faut se demander dans quelles circonstances il apparaît et quel est l'état émotionnel du cheval à ce moment-là. Si la cause est l'angoisse, le cheval se protège-t-il contre les sensations subjectives qu'il a envers les gens ou un autre cheval ? Ou s'agit-il d'une situation de frustration due, par exemple, à un manque d'attention ? Il faut s'assurer que ces problèmes disparaissent en travaillant avec le cheval sur la notion de réussite. Si vous reculez, vous signifiez au cheval que son geste est un succès.

Si vous prêtez attention à cette attitude, vous accordez déjà une récompense à l'animal, mais prenez bien garde de vous protéger. Toute thérapie visant à résoudre ce problème doit d'abord être menée avec un souci de sécurité. Ce n'est qu'ensuite que vous pourrez ignorer le comportement indésirable et récompenser le comportement souhaité. Si le cheval ne fait que gratter au sol, procédez par petites étapes comme pour les autres problèmes précédemment cités. Le comportement indésirable doit être activement ignoré ou entraîner un NON, si le cheval a bien appris à comprendre celui-ci. Le comportement souhaité doit être récompensé.

Il existe malheureusement des cas où les ruades ou coups de pied sont déjà ritualisés. Il faut alors demander conseil à un spécialiste.

Le cabré

Le cabré est souvent pour un animal doté de l'instinct de fuite le choix opéré en cas de conflit ou de situation de stress quand le premier choix (fuite) n'est pas possible. Il peut être considéré comme un élément de la communica-

> ## Attention, agressivité !
>
> Il est très difficile de donner dans un livre des conseils pour régler les problèmes de véritable agressivité. Le danger est trop grand qu'une personne se blesse en voulant concrétiser les conseils qu'elle a lus. Nous n'allons que vous donner des conseils généraux. Tout apprentissage visant à régler des problèmes d'agressivité doit se faire en fonction du cheval en question.

tion agressive et exprime une menace (signal d'avertissement). Mais il arrive aussi que les chevaux l'utilisent en cas de conflit sans pour autant qu'il y ait une menace exprimée. Il se peut encore que ce geste corresponde à un jeu entre deux partenaires.

L'impossibilité de prendre la fuite n'est pas forcément causée par des barrières physiques (clôture, mur, longe), elle peut aussi être mentale. En cas de menace émanant de l'être humain, les chevaux ne prennent que rarement la fuite. Du point de vue du cheval, le fait de fuir l'isolerait du groupe. Dans ces moments-là, les chevaux se cabrent pour montrer leur conflit intérieur.

Quand le cheval que vous montez se cabre ou quand vous vous retrouvez devant un cheval cabré, cela peut être très dangereux. Il est important ici, comme dans d'autres situations de comportement dangereux, de ne pas évaluer le problème uniquement du point de vue humain. Il faut d'abord veiller que rien de grave ne puisse arriver. Dans le cas d'un cheval qui se cabre alors qu'il est monté, les conséquences peuvent être graves. Ce cas illustre bien le fait que parfois il faut trouver un compromis entre ce qui est souhaitable (ignorer le comportement) et ce qui se passe (le cavalier essaie de ne pas tomber et se trouve donc obligé de prêter attention au comportement). Il faut alors mettre de l'eau dans son vin et récompenser le comportement indésirable. Le tout est d'en avoir conscience et de faire en sorte que l'effet soit le plus minime possible. Quand l'angoisse est un des éléments déclencheurs du cabré, il faut essayer d'identifier le ou le(s) déclencheur(s) pour pouvoir entreprendre une désensibilisation. Vous vous retrouverez certainement dans une situation où vous récompenserez le comportement souhaité. Une autre possibilité est de tenter de contrôler le comportement indésirable par un signal. Mais cela ne concerne que les cavaliers confirmés.

Paradoxalement, une partie de la solution peut consister à amener le cheval à se cabrer sur ordre. Si le cheval a appris à se cabrer à la suite d'un état d'angoisse ou de stress, on aboutit grâce à l'ordre à changer l'état émotionnel du cheval, ce qui l'amènera à recourir moins souvent à ce comportement. Quand on amène le cheval à se cabrer à la suite d'un signal, il est dans un autre état émotionnel, par exemple neutre ou détendu, amical ou coopératif. L'association de ces éléments (signal + compor-

Ce cabré a été appris et se produit à la suite d'un ordre.

Le cheval « danse » dans le pré. Cela peut devenir un véritable numéro de cirque.

tement + récompense avec émotion agréable) implique qu'il y a peu de chance qu'il produise ce comportement par angoisse. Le comportement se produit dans un contexte fortement ritualisé et « se régule de lui-même ». Quand le signal appris est absent, le comportement est plus rare. Si après un apprentissage réussi, le cheval devait à nouveau se cabrer sous l'effet du stress, le sentiment ritualisé créé auparavant au cours de l'apprentissage (joie, etc.) prendrait le dessus parce qu'il réduirait le stress. Les rituels bien appris réduisent le stress, car ils déclenchent le sentiment associé au rituel (l'état émotionnel). De plus, les rituels apportent en général de la sécurité : « On sait ce qui va arriver. » Un des grands facteurs de stress, le sentiment d'insécurité, disparaît alors.

Il est cependant important que cette ritualisation ne se fasse qu'après de nombreuses répétitions de l'exercice : un millier environ.

Déroulement de l'exercice :

a) Veillez à ce que le cheval ne soit pas occupé à d'autres activités avec ses sabots avant. Certains chevaux ont des sortes de rituel de jeu avec leurs entraîneurs et soulèvent volontiers leurs sabots du sol. Ce comportement doit être récompensé. Il ne doit pas y avoir de signal à ce moment-là. Le cheval se contente de faire l'expérience qu'apparemment il est récompensé par son propriétaire pour avoir soulevé en même temps ses deux jambes du sol.

b) Au cours de cet exercice, vous pourrez observer que le cheval fait des sauts de plus en plus courts. Au bout d'un certain temps, la récompense ne doit venir que si le cheval fait au moins 10-15 sauts (sur une durée d'un maximale de 15 minutes). Observez les éventuelles différences de hauteur dans les sauts.

c) Espacez les récompenses. La récompense ne vient que pour la bonne hauteur atteinte par les sabots (au bon moment). Le cheval s'en trouvera plus ou moins frustré (les récompenses se raréfient). Il s'ensuit une intensification du comportement qui était auparavant couronné de succès. Un certain stress apparaît et les sabots se lèvent automatiquement plus haut. Vous pouvez éliminer ce stress en récompensant à nouveau les sauts les plus élevés.

d) Continuez à travailler de la sorte. Quand le cheval est à mi-parcours de la hauteur souhaitée, prononcez le signal à chaque saut et récompensez-le immédiatement. Le lien entre le comportement et le signal se fixe ainsi. Après plusieurs répétitions de l'exercice, le signal aboutira toujours au déclenchement du cabré.

Le shaping

... signifie une approche progressive de l'objectif de l'apprentissage. Pour commencer, récompensez la première apparition du comportement que vous souhaitez ancrer. Si ce comportement apparaît souvent, changez la stratégie des récompenses. Ce qui est récompensé n'est que la progression vers un objectif final. Ainsi, le comportement souhaité se construit par petites étapes avec pour aboutissement sa réalisation à la suite d'un ordre donné.

Nous ne sommes pas ici dans un système où le cheval peut en théorie diminuer le statut de l'homme en effectuant un cabré synonyme de menace. Nous n'avons pas affaire à une question de hiérarchie ou de domination. L'homme reste en permanence celui qui dirige et donne les informations, sur la base desquelles le cheval construit son comportement (exactement comme entre deux chevaux de rangs différents : le cheval de rang inférieur suit le signal de celui ayant un rang supérieur).

Problèmes hiérarchiques

Il a déjà été dit dans cet ouvrage qu'il ne devrait pas y avoir de problème d'ordre hiérarchique entre le cheval et l'homme, car ce dernier est toujours celui qui détient et contrôle les bonnes choses de la vie. Si toutefois il devait apparaître un problème de cet ordre, il n'existe pas de recette ou de conseils précis pour le résoudre. Dans ce cas, il faut simplement essayer d'appliquer avec subtilité les attributs déjà évoqués de l'animal de rang supérieur. Dans ce genre de problème, il est presque toujours nécessaire de procéder à une analyse individuelle pour trouver une solution concrète à la problématique de la combinaison homme-cheval.

Nous pouvons toutefois proposer un conseil d'ordre général : ne vous laissez pas entraîner dans un rapport de force avec le cheval. Les chevaux pèsent quelques kilos de plus que nous et sont bien plus forts. Quand on veut agir de façon corporelle sur le comportement d'un cheval bien entraîné, la réussite vient souvent du fait que parallèlement un ordre clair est donné. Mais le cheval peut très bien alors en arriver à la conclusion suivante : « Eh, je suis plus fort et je peux obtenir des changements de comportement chez mon entraîneur. » Il ne faut pas que le cheval en vienne à ce genre de conclusion, cela peut être dangereux.

SENTIMENTS HUMAINS

Vous avez des difficultés à ignorer votre cheval ? C'est tout à fait normal si vous avez avec lui un lien émotionnel. Le lien social est une réalité qui ne peut être contournée. L'important est que vous soyez conscient des conséquences de chacune de vos actions envers/avec le cheval. S'il y a un problème, cherchez d'abord la cause de votre côté.

Problèmes d'angoisse

Le plus gros problème que l'on rencontre parfois pour traiter l'angoisse est de reconnaître le ou les signaux de l'environnement qui déclenchent cette angoisse. Pour aboutir à une désensibilisation réussie, il faut cependant absolument identifier les facteurs qui déclenchent l'angoisse chez le cheval.

L'angoisse se forme par une lente accoutumance à ce qui cause angoisse ou stress. En aucun cas, il ne faut punir l'angoisse. Cela ne ferait qu'augmenter le stress qui existe déjà et aggraverait le problème. Les tentatives d'apaisement ne sont pas non plus recommandées, pour des raisons que nous avons déjà évoquées. Quand plusieurs facteurs déclencheurs sont identifiés, il est conseillé de commencer à travailler d'abord sur un ou deux de ces déclencheurs puis d'intégrer les autres petit à petit.

La désensibilisation signifie une approche lente des stimuli qui déclenchent l'agressivité ou le stress afin que le cheval apprenne que le stress, l'angoisse et/ou l'agressivité ne sont pas nécessaires et même indésirables pour son bien-être. Les étapes de l'apprentissage doivent se faire petit à petit pour que le cheval ait le temps de progresser. Quand il a un comportement normal, il doit être récompensé. Pour cela, l'exercice doit être répété de nombreuses fois. Là aussi, il convient d'ignorer le comportement indésirable lorsqu'il se

Angoisse devant un sachet en plastique.

Montrez-lui simplement le sachet à une certaine distance, attendez qu'il se détende et que la curiosité reprenne le dessus, puis récompensez-le.

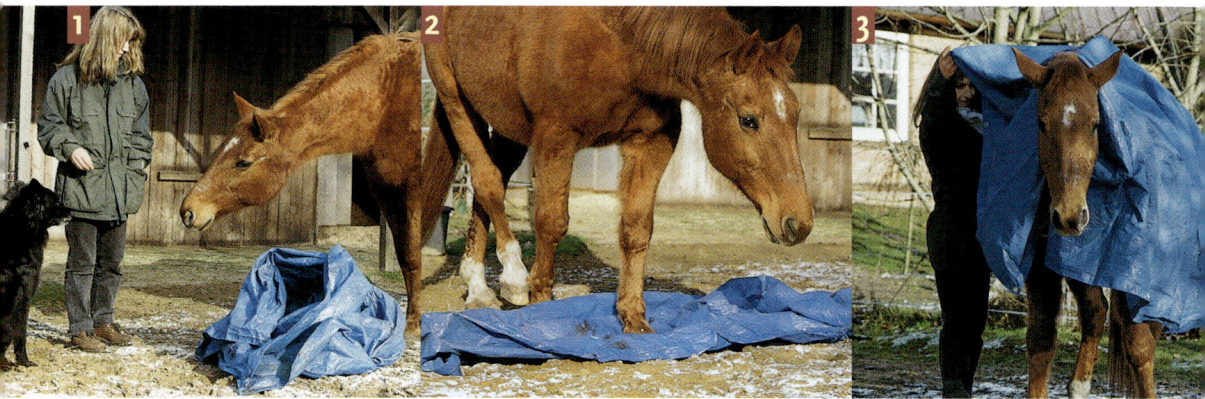

1 Autre méthode de désensibilisation à l'angoisse (il faut
pour cela que le cheval et le
chien se connaissent bien).
Détournez le regard du
cheval, pour qu'il ne se
concentre plus sur la bâche
qui lui fait peur mais qu'il se
fixe sur le chien.

2 Ensuite, vous pouvez à
nouveau proposer l'objet à la
vue du cheval et l'amener à le
piétiner sur ordre.

3 Par la suite, le cheval se lais-
sera recouvrir sans problème.

produit. L'apparition de ce comportement indésirable devient alors une information sur la frontière qu'il ne faut pas franchir à ce moment de l'apprentissage.

L'intervalle entre les différentes étapes de l'apprentissage doit ensuite se réduire. Au début, le processus de désensibilisation est assez lent... mais arrivé à un certain stade les progrès sont plus rapides. Ce type d'exercice améliore aussi la tolérance au stress et à la frustration, aussi bien pour l'homme que pour le cheval. Rappelez-vous que le principe de base est de **toujours ignorer le comportement indésirable** (et naturellement de le contrôler)... **et de récompenser le comportement souhaité.**

Exemple : « Le cheval est angoissé/est effrayé par un autre cheval de l'écurie »

Le stade de la simple mimique angoissée est dépassé quand le problème a lieu avec un des autres chevaux de l'élevage et qu'une certaine distance est franchie.

a) Déterminez la distance exacte entre les deux chevaux au-delà de laquelle le comportement indésirable se produit. Pour cela, il faut essayer des situations et des mouvements différents (par exemple des allures différentes). Quand le cheval angoissé se détend, il doit être récompensé afin qu'il comprenne que le fait de se détendre est récompensé. Ainsi, vous saurez à quelles distances vous devez travailler. Parallèlement, l'autre cheval ne doit pas approcher de façon intempestive. Ainsi, le cheval angoissé comprend que le danger n'est pas aussi grand qu'il le croyait.

b) La distance le séparant de l'autre cheval doit être légèrement diminuée, jusqu'à ce que le cheval angoissé montre à nouveau de l'inquiétude (position des oreilles, mouvements tendus). Travaillez à partir de cette nouvelle distance : si le cheval reste tendu, il sera ignoré, s'il se détend, il sera récompensé.

c) Modifiez maintenant le schéma de l'approche : d'une part, réduisez à nouveau la distance, d'autre part, changez de lieu en conservant la même distance.

d) Modifiez ensuite d'autres aspects de la situation. Si, par exemple, au début le cheval incriminé est seul dans l'écurie, introduisez les autres chevaux.

e) Il faut cependant garder à l'esprit que ce type d'exercice n'aboutit pas toujours à une réussite totale. Les relations individuelles entre les chevaux peuvent parfois franchir des limites qu'il est impossible de rectifier par un processus de désensibilisation. De plus, certaines distances individuelles peuvent être plus importantes pour tel cheval que pour tel autre.

1. Échange d'informations lors de la rencontre

2. On s'aperçoit très vite que la distance est trop réduite pour un des deux chevaux au moins. Mais la propriétaire empêche le recul en exerçant une pression sur la bride.

3. Son attention est considérée comme une récompense pour l'émotion « Angoisse » et le comportement stressé. À la longue, cela peut conduire à une intensification de l'angoisse lors de la rencontre entre ces deux chevaux.

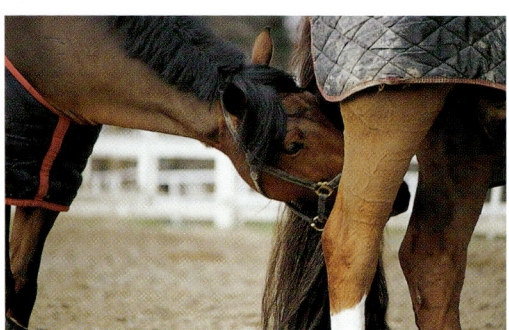

Autre exemple de l'apparition d'un problème d'angoisse entre deux chevaux. On ne se rend pas toujours compte de ce genre d'interaction. Un cheval en renifle un autre...

... et ce dernier rue (comportement de menace suite à l'empiétement de la distance individuelle)...

... et le premier cheval exerce à son tour une menace. Si l'homme punit alors l'un des chevaux, ou les deux, il augmentera le stress et aggravera le problème.

Signal antistress

Un signal antistress, sous la forme d'un ordre bien travaillé, est très utile pour travailler avec un animal possédant l'instinct de fuite. Il permet de le calmer. Quand l'homme souffre de stress, la solution est souvent la sophrologie. Pour le cheval, il convient d'appliquer le principe du conditionnement classique. Si l'état de stress se traduit par une réaction corporelle inconsciente (pouls accéléré, respiration plus rapide), il en est de même pour l'état détendu (pouls plus calme, respiration profonde et lente). Il est possible de déclencher sur signal ce comportement détendu. Et comme vous pouvez l'imaginer à la suite de la lecture des pages précédentes : il vous faudra répéter l'exercice de nombreuses fois !

Réfléchissez à un « signal clé » pour une situation détendue sans stress/angoisse. Il faut que ce soit un mot qui sorte facilement de la bouche (même si vous êtes stressé) et que vous n'utilisez pas couramment. Pour ma part, j'ai utilisé le mot « banane » avec un de mes chevaux. Prononcez souvent ce mot au cours des situations détendues, c'est-à-dire quand votre cheval est décontracté à vos côtés. N'hésitez pas à le faire à la manière d'un perroquet. Au bout d'un certain temps, l'association « banane = décontraction » se fera dans le cerveau du cheval. Ainsi, vous pourrez plus tard faire revivre les émotions positives que le cheval a associées à ce nom, par exemple dans une situation de stress. Pour cela, il faut toutefois que vous fassicz brièvement les exercices chaque jour, et ce pendant plusieurs semaines. Le signal fonctionnera au mieux dans les situations qui ne sont pas complètement réglées. Au cours de l'apprentissage, vous pouvez toujours essayer de voir si cela fonctionne. Pendant le travail au sol avec la longe, laissez votre cheval courir plus que d'habitude pour qu'il se donne vraiment. Sa respiration doit alors être plus rapide. Prononcez ensuite le mot antistress. Si votre apprentissage a réussi, le cheval réagira avec quelques respirations profondes.

« Est-ce que ça te dirait encore de travailler ? » Ce n'est pas une blague mais une proposition sérieuse. Demandez régulièrement à votre cheval s'il souhaite continuer à travailler. S'il est trop stressé, cela est plus que nuisible à l'apprentissage.

Problème de montée dans le van

Cet exemple nous permettra d'aborder une autre méthode d'apprentissage : l'entraînement ciblé *(target training)*. Vous pouvez bien sûr essayer de résoudre le problème sous la forme d'une désensibilisation : approche lente du facteur qui déclenche l'angoisse, récompense pour absence de stress à certaines distances, puis diminution de la distance jusqu'à ce que le cheval monte dans le van.

Embarquement avec un bâton. Si le cheval a été auparavant bien conditionné au bâton, il va vous suivre et...

Entraînement ciblé

On peut également amener le cheval à se concentrer sur un objet ciblé. Ici, cet objet est une balle fixée au bout d'une canne, mais ce peut être un tout autre objet. La plupart des chevaux avancent d'eux-mêmes quand ils ont flairé l'objet par curiosité. Si le cheval avance régulièrement en flairant l'objet tenu à distance, il doit être récompensé. Chez les chevaux qui se lassent rapidement ou dont la curiosité est réduite, vous pouvez essayer un petit truc simple mais très efficace : appliquez un peu de miel sur la balle ou fixez une carotte à un endroit bien visible.

Si le cheval avance en reniflant consciencieusement l'extrémité du bâton, ce dernier doit être tenu devant sa tête de façon qu'il soit obligé de faire deux ou trois pas. Le cheval se concentre sur l'objet (= la cible), qui lui apportera une récompense.

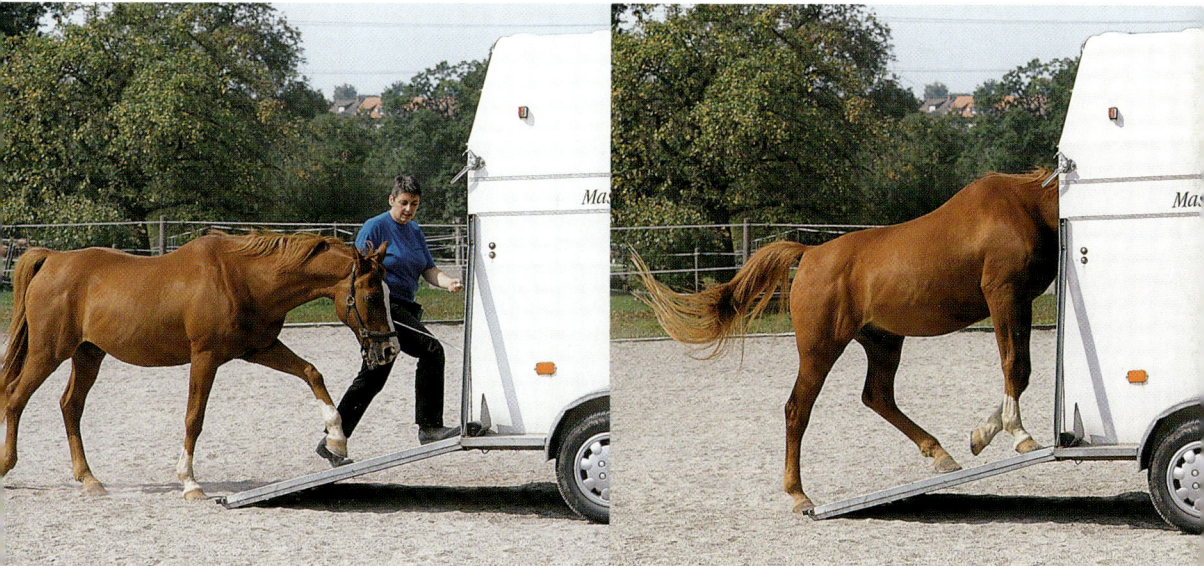

... entamer la montée !

Et le voilà dans le van. Il peut désormais avoir sa récompense.

Après quelques séquences, vous pourrez le « conduire » dans des situations qui génèrent de l'angoisse, du moment que cette angoisse ne se transforme pas en panique. Chez ces chevaux, les difficultés ne se surmontent que petit à petit. Le cheval se retrouve dans un rituel rassurant et la situation devient moins dangereuse.

La méthode du clicker

Ces dernières années est apparu dans le domaine de l'éducation du cheval un petit objet qui servait jusque-là au dressage des chiens : le clicker. En association avec le clicker, l'entraînement ciblé s'est trouvé renforcé. Le clicker est un petit boîtier en plastique muni d'une lamelle de métal. Quand on exerce une pression sur la lamelle, un « clic » est émis. Ce clic est travaillé de façon qu'il remplace un mot d'encouragement. En général, on l'utilise au moment de donner une friandise. De nombreux cavaliers refusent de l'utiliser, car ils le trouvent trop « technique ». Il faut en effet toujours penser à l'avoir sur soi au cours de l'apprentissage. Les cordes vocales sont quant à elles toujours disponibles. Cela dit, il peut s'avérer utile de l'employer, du moins pendant les premiers mois de l'apprentissage, quand on donne une friandise.

Le clicker a plusieurs avantages. Je vous conseille de l'uti-

LES ÉTAPES IMPORTANTES POUR RÉUSSIR

La garantie de la réussite d'un apprentissage est entre vos mains. Le but recherché sera plus ou moins vite atteint selon votre implication et la qualité de vos méthodes d'éducation. N'oubliez jamais que l'apprentissage est un processus ciblé. Il ne s'agit pas simplement de se dire : « Allez, dépêchons-nous de bosser un peu pour avoir fini le plus vite possible. »

1. Déterminer les capacités de votre cheval (ce qu'il peut faire et ce dont il est incapable).
2. Établir les objectifs (quelle est la cible de l'apprentissage, quelles actions doit apprendre le cheval).
3. Établir un programme d'entraînement par étapes. Le cheval doit être considéré comme un partenaire à part entière. Aucune recette générale n'est valable.
4. Les étapes de la phase 3 doivent être régulièrement répétées et éventuellement adaptées en fonction de la progression du cheval.

Profitez un peu du soleil après une séance de travail. C'est aussi de cette façon qu'on établit une relation intense avec son cheval. J'espère que vous aurez autant de plaisir à travailler avec votre cheval que moi et que vous atteindrez vos objectifs personnels d'apprentissage.

liser pour vous faire une opinion. Le son du clicker est quelque chose de nouveau pour le cheval. Dans certaines conditions, il se rapproche plus, par sa vitesse et sa force, d'un signal OUI que d'un mot d'encouragement comme BIEN. La fréquence du son émis active directement certaines zones du cerveau du cheval, qui jouent un rôle important dans l'apprentissage, plus que ne saurait le faire la voix humaine.

Il est certain qu'il est plus rapide de produire un clic avec son pouce que de prononcer un mot d'encouragement ou de félicitations.

UN MOT DE CONCLUSION

Je tiens à remercier les cavaliers et les cavalières qui
m'ont autorisée à les prendre
en photo avec leurs chevaux.
Ces photos sont en partie
subjectives et n'expriment
donc pas les relations habituelles entre le cheval et son
maître.
Je remercie particulièrement
Vera Charstensen avec son
cheval Dunja, le Dr Bettina
Christian avec Grimaldi,

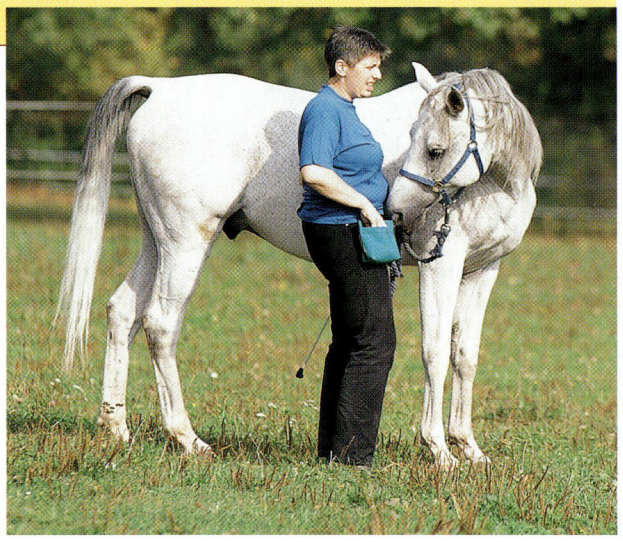

Christine Domhan avec Hamasa Nawas, Andrea
Fritsche avec Caspar, Antje Göllner avec Pia, Victoria
Herms avec Leah et Skolli, Inka Ploogmann avec
Brentana, le Dr Dagmar Vogel avec Malenki.
Les photos de chevaux en enclos ont principalement
été prises dans les endroits suivants : le haras
Hamasa de chevaux arabes à Treis, près de Giessen,
le haras Vindholar à Stapelfeld, près de Hambourg.

Sur les photos, les cavaliers sont parfois sans bombe.
Je tiens toutefois à dire qu'il ne faut pas monter sans
protection. La bombe offre une protection contre les
lésions à la tête et chaque cavalier doit juger s'il doit
ou non l'utiliser. Je la conseille dans toutes les occasions, que vous soyez un cavalier confirmé ou débu-
tant. En tout cas, vous devez l'utiliser dans les lieux
que vous ne connaissez pas.

Littérature :

Amos-Jacob Kathy, *Dressage : technique et apprentissage*, Amphora, 2006.

Blake, Henry, *Penser cheval*, Zulma, 1998.

Gossin Danièle, *Parler au cheval et être compris*, Vigot Maloine, 1999.

Haller Martin, *L'encyclopédie des races de chevaux*, Chantecler, 2005.

Hontang Maurice, *Psychologie du cheval*, Payot, 2003

Kiley-Worthington, *Le comportement des chevaux*, Zulma, 1999.

Adresses utiles :

En France

Fédération Française d'Équitation (FFE)
23-25, rue de Tolbiac
75013 Paris
www.ffe.com

Fédération Nationale du Cheval
11, rue de la Baume
75008 Paris
www.fnc.fnsea.fr

École Nationale des Haras
Le Pin au Haras
61310 Exmes
www.haras-national-du-pin.com

École Nationale d'Équitation
Terrefurt BP 207
49411 Saumur
www.cadrenoir.fr

En Belgique

Fédération Royale belge des Sports Équestres
Avenue Houba de Strooper 156
1020 Bruxelles
www.equibel.be

Ligue équestre Wallonie-Bruxelles
Rue de la Pichelotte, 11
5340 Gesves
www.lewb.be

École provinciale d'élevage et d'équitation
Rue du Haras, 16
5340 Gesves
www.equitationgesves.be

Sur Internet

www.1cheval.com
www.123galop.com/
www.equinfo.org
www.le-site-cheval.com
www.tourisme-equestre.fr/

Index

Crédits photographiques

212 photos en couleur provenant de : Archives J. Nissen (p. 12), Miriam Bleibel, Reutlingen (p. 172), Klaus-Jürgen Guni/Kosmos (pp. 52, 99), Irene Hohe, Lohndorf (pp. 17 en haut à gauche et à droite, 18 en bas), Lothar Lenz, Cochem (pp. 4, 9, 14, 175), Museum Halle/Fotoarchiv Kühn, Halle (p. 13), Christof Salata/Kosmos (pp. 1, 92/93, 114, 184/185), Dr Barbara Schöning (pp. 154 haut, milieu et bas, 158, 160), Sabine Stuewer, Darmstadt (pp. 18 haut, 176), Felix von Döring/Kosmos (p. 50) ; toutes les autres photos sont de Josephine Sydow, Hambourg.
Les illustrations proviennent des archives de J. Nissen (pp. 10, 11).

Toutes les indications et la méthode présentée dans cet ouvrage ont été soigneusement testées. Ni l'auteur, ni l'éditeur ne peuvent être tenus responsables des dommages ou dégâts matériels ou physiques pouvant survenir à la suite de la mise en pratique de cette méthode.

Titre original : *Das Kosmos Erziehungs-Programm Pferde* (Dr Barbara Schöning)
© MMIV Franckh-Kosmos Verlags-GmbH & Co, Stuttgart, Germany.
Alle Rechte vorbehalten.
© Zuidnederlandse Uitgeverij N.V., Aartselaar, Belgique, MMX.
Tous droits réservés.
Cette édition par Chantecler, Belgique-France
Traduction française : Francis Grembert
Imprimé en Belgique.

D-MMX-0001-84